半半哲学

活出人生的逍遥境

李清子 ◎ 著

中国华侨出版社

图书在版编目(CIP)数据

半半哲学:活出人生的逍遥境 / 李清子著.—北京:
中国华侨出版社,2013.8 (2021.4重印)

ISBN 978-7-5113-3969-0

Ⅰ.①半… Ⅱ.①李… Ⅲ.①人生哲学–通俗
读物 Ⅳ.①B821–49

中国版本图书馆 CIP 数据核字(2013)第198358 号

半半哲学:活出人生的逍遥境

著　　者 / 李清子

责任编辑 / 文　筝

责任校对 / 孙　丽

经　　销 / 新华书店

开　　本 / 787 毫米×1092 毫米　1/16　印张/17　字数/238 千字

印　　刷 / 三河市嵩川印刷有限公司

版　　次 / 2013年9月第1版　2021年4月第2次印刷

书　　号 / ISBN 978-7-5113-3969-0

定　　价 / 48.00 元

中国华侨出版社　北京市朝阳区静安里 26 号通成达大厦 3 层　邮编:100028

法律顾问:陈鹰律师事务所

编辑部:(010)64443056　　64443979

发行部:(010)64443051　　传真:(010)64439708

网址:www.oveaschin.com

E-mail:oveaschin@sina.com

前言

人生哪能多如意，万事但求半称心

在杭州灵隐寺中，有一副楹联是这样写的："人生哪能多如意，万事但求半称心。"这里的"半"字，可以说用得精妙，值得玩味，让人颇生感慨。

在我们的传统文化中，常常以"半"的视角来关照人生百态、风俗世情。比如，我们常常听到和说到的一些话：莫扯满篷风，常留转身地，弓太满则折，月太满则亏……这些都是"半"的生存哲学。

林语堂先生就主张"半半哲学"的人生。从传统文化的层面来看，"半半哲学"是将儒家哲学和道家哲学糅合起来的一种中庸的处世态度。

说到底，"半"是一种生活态度，一种心灵状态，一种人生智慧，一种处世哲学。"半"字哲学，意在暗示：人生没有百分之百的圆满。

《道德经》中有言："知足不辱，知耻不殆，可为长久。"这样的人生体验主张的正是凡事当留有余地的"半"字哲学。诚如邵康节先生诗中所言："美酒饮到微醉后，好花看到半开时。"虽说这种人生况味，可以让我们有一种作者看破红尘之感，但确确实实不失为一种策略，一种处世方式，一种生存智慧。

"半"字哲学，虽说是对人生态度的一种倡导，但是它的本质精髓还在于对于欲望的合理控制。现今社会，人们之所以在生活、工作中问题多多，很大原因在于没有处理好泛滥的欲望。争强好胜，争名夺利，凡事能做到十分绝不停留在八分，虽说这在某种程度上是一种积极进取的态度，但不是也给我们带来了更多的疲惫、更多的不如意吗？

不可否认，人生若没了欲求，就失去了生命存在的意义，也就失去了希望，但是，并非是我们所有想得到的。想争取的，都一定能够如愿以偿；也并不是只要我们展开了理想的翅膀，就一定能够腾飞，并到达期望中的目的地。更何况，还有一些非分之想，还有一些脱离现实之念呢？

既然如此，我们何不选择一种适合的态度和行为方式，以"半"的角度、方式切入生活，走进现实？或许能让我们的生命和生活达到某种默契，让我们感到自己身处现实中，有一个恰当的、合理的位置。而这不正是现代人的一种处世方式、一种生存智慧吗？

俗话说，日中则昃，月盈则亏。天理如此，人道亦是如此。

承载着这样一种人生理念，倡导着这样一种人生态度，本书将带你走进"人生哪能多如意，万事但求半称心"的境界中去，让你不再为所谓的圆满而绞尽脑汁，让你不再为所谓的追求而早生华发，也让你不再为所谓的理想而徒增虚妄。要知道，人生也好，世事也罢，最终没有哪一个不是带着遗憾、带着阙如走向终点的。

目录

第一篇
半有半无半苦乐，半荣半辱半因缘

"没有黑就没有白，没有恨就没有爱"，同样地，没有苦安知乐，不经辱安知荣。我们的人生正是在苦乐中前行，在荣辱中成长。其实，不管是苦，还是乐，也不管是荣，抑或辱，都是上苍对我们的恩赐，一切都是前缘的注定。

第三章　先思果，想得半果才知因

第二篇

半贫半富半安足，半命半天半偶然

甩掉贫穷享受富贵，似乎是很多人奋斗的动力；得到理解受人尊敬，也似乎是很多人在精神层面的最高追求。然而实际上，富贵未必能满足我们追求幸福与快乐的愿望，别人的尊崇也未必能让我们真的安足。真正的超脱是安于现世，认同天意，接受偶然。

第四章　贫能安，才得享喜乐

第三篇

美酒饮教微醉后，好花看到半开时

酒足饭饱固然好，但微醉时刻往往更为美妙；花开绚丽固然美，但未全开时才更令人期待。由此可以说，真正的美好不是满满当当，而是恰到好处的适度。为人处世，不贪、不狂也不痴，行走间，便已写下风景无数。

第四篇
半用半舍半行藏，半智半愚半圣贤

人这一生，看似在追求获得，但也在获得中失去，很多时候，反而是在失去的同时又有了新的所得。同样地，有人看起来智慧，却聪明反被聪明误，往往是那些半智半愚者更易驾驭人生。所以，懂得进退、刚柔相济的人，才是真的智者，才能收获更多。

第十二章　可以俗，亦俗亦雅众人欢

第一篇

半有半无半苦乐，半荣半辱半因缘

"没有黑就没有白，没有恨就没有爱"，同样地，没有苦安知乐，不经辱安知荣。我们的人生正是在苦乐中前行，在荣辱中成长。其实，不管是苦，还是乐，也不管是荣，抑或辱，都是上苍对我们的恩赐，一切都是前缘的注定。

第一章
先吃苦，尝得半苦才有甜

俗话说，不知苦，焉知甜。没有辛苦地付出，便难有幸福的收获。其实，在我们每个人的心中，都有这样一架天平，一头是"耕耘"，另一头则是"收获"。如果天平失去了平衡，那便是不劳而获造成的。这样的人往往不会取得什么真正的成绩，因为他们"享受"的是"免费的午餐"。

看一看，自己受的那些苦

酸甜苦辣本是人生味道，无论是愿意或者不愿意都要一一品尝。谁都喜欢像翩翩起舞的蝴蝶一样，绽放美丽，但是，你可知道蝴蝶绚丽身姿的身后有着怎样的蛰伏？很多人抱怨生活不如意、工作不顺利，抱怨自己努力换不来应得的报偿，但是，你可否想过，你是不是也像蝴蝶一样忍得住那长久的蛰伏？

我们的生命历程，并不是一帆风顺的，那些含着金汤匙出生，一路顺风顺水、平步青云的人毕竟少之又少，哪怕是这些人也有自己的无奈与痛苦。人生下的第一声是啼哭的，因为人出生的那一刻就知道自己要经历人生的苦难。没有一个人可以享受一生，因为人生总会给我们开这样或者那样的玩笑，让我们经历不同的苦难与挫折。

总有人悲叹上天的不公，有的人生在富贵人家，自己却出身寒门。上天的公平不是给每个人一样的境况，而是给富人和穷人同样的一半苦涩一半甜。

当你盼望着生活甜蜜那一半的时候，请先认真对待自己所受的苦的一半吧。这些苦难是你坚实的基础，也是你的人生经验，更是助你走向甜蜜的翅膀。我们可以拿钱买到任何东西，唯独这些苦难的人生经历不能买到，所以，现在所受的苦是你人生最宝贵的财富。

某个寺庙里，新来了一位到40岁才出家的和尚。而且这位和尚从小没怎么上学，来到寺庙后，连经文都听不懂，更不用说诵经。

但是，这个和尚不屈不挠，终日勤勤恳恳。每当遇到别人不愿意去做的事情，都会毫不犹豫地去做；别人嫌弃的东西，他会毫无怨言地去承受。

几年过后，和尚慢慢地能够听懂别人讲经了，再后来，他自己也能诵读经文了。不过，他由于不认识字，所以还是不会写经。

又是几年的时间过去，和尚长年累月忍辱负重，居然慢慢地开始会写字了，起初是一句、两句，随后是写下整篇经文。一位法师知道他的经历后说，如果他不是这样出家修行，这人一辈子就会是个文盲，就因为他肯忍辱负重听经、听佛，他的开智开悟是水到渠成之事。

人说三十而立，过了三十就很难学进东西去，但他仍去吃了那份苦，而且这份苦吃得很值。正如法师所说，如果他不忍辱负重吃尽艰苦，又怎么可能得到最后的开智开悟呢！试看世间你认为的那些正在享受甘甜的人，哪一位不是经历了最初的苦呢？

所以，请认真看待你今天所吃的每一份苦吧！苦的一半便是甜。如果觉得老板挑剔，那你要感谢他的严格，你的潜力正是因为这种严格才得以挖掘；如果觉得遇事不公，那你要感谢它的考验，你的未来正是要在这种考验中站起；如果你的朋友背叛，那你要感谢他的离开，没有经历背叛的你可能会永远无法认清真正的友谊……如果不曾尝过一半的苦，又怎能获得一半的甜？

认真地品尝今天的苦，有了苦才能更好地知道甜的滋味。回想一下，如果刚刚喝了蜂蜜水再吃水果，会觉得水果是酸的，那是因为你的糖分摄入得太多了；如果换一种方式呢，刚刚吃到了酸或者苦的水果，哪怕再喝清水，都会觉得很甜。没有经历过苦的人，从来不会感受到甜，也从来不会享受甜。

20岁出头的卡莉·费奥瑞娜，以优异的成绩从斯坦福大学法学院毕业。

随后，她很顺利地进入一家知名的地产公司做普通职员，她的工作内容就是简单而琐碎的打字、复印、收发文件、整理文件等杂活。

当父母听说一向成绩优异的女儿居然做这样普通的工作，感到强烈的不满。但是，卡莉·费奥瑞娜没有任何怨言，她依然努力地做着自己的工作，每一个细节都力求做到完美。

有一次，由于公司的文职人员请了病假，而领导又急需一份文稿，于是便找卡莉·费奥瑞娜帮忙。她很爽快地答应了。这段时间在公司的经验积累，再加上自己的聪明才智和对工作的热情细心，卡莉·费奥瑞娜完成的文稿让领导非常满意。也正是这次撰写文稿的机会，为她未来人生的转变开辟了一个小小的窗口。

几乎没有一个人不渴望春风得意的生活，也没有一个人不希望自己的工作和事业能够飞黄腾达。但是，记住一条真理吧，"天下不会掉馅饼"，没有谁会白白地将这一切送到我们手里，我们想要获得，就只能用自己的坚韧和顽强去争取。卡莉的成功告诉我们，如果你要想获得，就要积攒力量。卡莉正是因为有了之前做普通职员的艰苦，才会积累出成功的经验。

对于那些正在经历的苦痛，去正视、去"享受"、去积攒吧！忍辱负重和坚韧不屈的经历，就好比蛰伏于其中的蚕茧，它是羽化前必须经历的一步，也只有那些能够忍受这一切的人才能得到沐浴阳光的机会。

我们要想取得理想的成就，那么就要经得起风吹浪打。所以，我们要学会忍受、习惯，并从中奋斗和发展进步。我们一旦抱着不怕茧中蛰伏的心态，那么即使在阴暗的环境中，也会快乐地寻找阳光和水分。

人生就是这样，总要有苦有甜，半苦半甜，这样的生活才会有滋有味，多姿多彩。

轻装前行，才能苦中作乐

《史记》的作者司马迁曾经被处以宫刑；《红楼梦》的作者曹雪芹家道中落，曾饱尝数十年食不果腹的贫寒日子；《命运交响曲》的贝多芬正值大好年华时竟两耳失聪；美国最杰出的总统之一林肯在幼年丧母，中年丧子，初恋情人早逝，结发妻子曾患上精神病……

上面这些人，哪一个不伟大，可有哪一个能说是幸运呢？人人都希望能一帆风顺，但是"不幸"却像着了什么魔，不定什么时候就把我们陷入苦难之中，因为人生就是这样，从来不会跟你商量什么，也不会看你是否接受，一刹那间苦难就来临了。但是，你知道吗？痛苦和快乐是一对好友，其实在你经历苦难的时候，快乐也在你身边，只是你没有发觉，也不愿意与它牵手而已。

人站在阳光下，自然会有一半的光明一半的阴影，重要的是，要记得把脸朝向太阳的方向，光明的一半自然会出现在眼前。

美国作家斯蒂芬斯说："每场悲剧都会在平凡的人中造就出英雄来。"看看上面那些伟大的英雄吧，如果他们一直沉浸于对命运的抱怨之中，那么他们也不会取得流传万世的成就。因此，如果你觉得现在正与苦难搏斗中，那么请放轻松，整理你的思绪，将抱怨、负担、搏斗等全都放下，轻装上阵，你可能会找到更好的"招数"。

当你微笑地面对生活时，生活也会给你一个大大的笑脸。当你放下紧张的情绪，做好眼前的一点一滴时，才会得到意想不到的收获。能在苦中作乐的人，往往都能成就一番大事业。

米切尔本是一个身体健壮的青年人，但是很不幸，他突然发生了车祸。车祸发生之前，心情愉悦的他正骑着摩托车飞快地奔驰在一条笔直的公路上。

车行一半，当他习惯性地扭头看后方是否有车开过来时，没想到行驶在前面的大卡车突然刹车。电光火石间，来不及做任何反应的米切尔，为了保住性命，闪电似的将摩托车的把手压低，让车身侧倒滑进卡车底下。

没想到，就在这个危急时刻，摩托车的油箱盖突然绷开。悲剧不可抑制地发生了，油箱里的汽油溅洒出来，被摩托车和马路摩擦出的火花引燃。

当米切尔恢复意识时，全身70%面积都已烧伤的他已经在医院的病床上躺了好几天。伤口让他痛得不能动弹，甚至连呼吸都极为困难。但是，米切尔并没有因为疼痛而委屈放弃求生意志，他不断地告诉自己："无论如何，我一定要活下去。"

很长一段时间，米切尔都生活在疼痛中，后来，他终于靠着坚强的意志力挺了过来，并且重新开始了新的人生与事业。可惜，命运又一次捉弄了他，因为一次飞机失事，米切尔的下半身从此瘫痪了。

在接二连三的不幸的打击下，米切尔也会委屈地想要大哭，但更多的时候，他是斗志昂扬的。就是在激昂的斗志下，身有残疾的他在当时成了美国最活跃的成功人士之一，除了事业有成外，更进入国会。在 1986 年时，他还当上科罗拉多州的副州长，并且多次进行巡回演讲。在某次演讲中，他说："因为这些不幸经历，让我真正地体验到生命的成功与喜悦。"

如果说现在你正在苦难之中，那么你应该感谢你对人生已经有了充分的了解，知己知彼的战争还怕打不赢吗？像米切尔一样，受到再多委屈，也要始终保持一颗快乐的心境，积极、乐观地度过每一天。我们生活的每一天，都是由一半的苦与一半的甜组成的，当你学会与苦难斗争、在苦中作乐时，那么你的人生不都是甜的了吗？

茨威格说："命运总是喜欢让伟人的生活披上悲剧外衣，并且在他们前进的道路上设置重重障碍，以便让他们在追求真理的征途中锻炼得更加坚强。命运戏弄着这些伟大人物，但这是大有补偿的戏弄，因为艰苦的考验总会带来好处。"米切尔就是被命运披上悲剧外衣的人。先苦后甜是大自然告诉我们的真理，人生同样适用，放下那个压住你的包袱，哪怕你再怎么折磨自己，明天太阳还会照常升起；哪怕你再痛哭流涕，时间也不会为你停留分秒。

与其被苦难拥抱而迷失自我，不如与快乐握手而成就自我。

在轮椅上生活了几十年的霍金曾经写下过这样一段文字："我的手指还

能动，我的大脑还能思考，我有终生追求的理想，我有爱我和我爱着的亲人、朋友，我还有一颗感恩的心。"

如此乐观、豁达的霍金并不是生来就坐轮椅的。在他的青年时期，他可是牛津大学公认的最有前途的明星学生，曾获奖无数。但是在他大三那年，他突然发现自己身上出现了一种奇怪的症状，他的手脚一日不如一日灵活，他走路时还会无缘无故地跌倒。

经过专家诊治，霍金悲伤地了解到，自己患上了运动神经病，这种病会让自己的肌肉慢慢持续不断地萎缩、硬化，并且无药可医。这就意味着，一向健硕的霍金要拖着自己虚弱无力的身体在轮椅上度过下半辈子。

不幸的事情还远远没有结束，在全身瘫痪数十年后，身体虚弱不堪的霍金意外感染了肺炎。为了他的安全着想，医生不得不为他进行气管切开手术。手术很可怕，要在他脖子及气管上切一个口子形成通气孔，这样一来，霍金就再也不能说话了。

没有了灵活的双腿，没有了健康的体魄，没有了说话能力，霍金饱尝了生命中的各种不幸，但是坚强的他并没有因此放弃生命，也没有因为委屈而整日抱怨，他说："生活是不公平的，不管你处境如何，都只能全力以赴。"

就是因为这份积极乐观的心态，帮助霍金不断开发自己的潜力。现在，他已经跻身世界上最著名的物理学家之列，并且拥有 12 个荣誉学位、3 个子女、1 个孙子，是英国皇家协会的特别会员。

上天将太多不幸灌注在霍金身上，让他腿不能站、身不能动、口也不能说，但他没有向命运举白旗，没有把自己沉浸在生命黑暗的那一半，而是积极地与命运抗争，始终把目光朝向光明的一半，最终让不幸成就了自己，这样一个人自然也会被列入英雄之列。也可以说，正是苦难成就了霍金，乐观心态让苦难在他的面前失去了"威力"。

吃得半苦才有甜。其实，生活中，我们会遇到各种各样的不幸，也许那些不幸在霍金的苦难面前并不算什么，但是，很多人却把这个不幸扩大化。你一定有一些越想越委屈，越想越气愤的时候，那为什么要去想呢？你把这种"苦"扩大了，变成了包袱，确切地来说，变成了气球，越吹越大，你的苦的感觉也就越大。相反，如果当你委屈时，不因委屈而难过，也不因委屈而放弃自己，与苦难斗争，学会苦中作乐，你一定会活出一个崭新的人生。

人生本就如此，时苦时乐，有苦有乐，半苦半乐，与其让苦难给自己背上包袱，不如轻装上阵，在苦中作乐。把苦难当成一种经历，快乐地去"享受"时，你也就找到了一种辉煌的路。

吃苦是成功的必经之路

最近有一款游戏很流行，名字叫"糖果传奇"，"糖果"这个名字很甜蜜，但是，每个玩"糖果传奇"的人都能体会到，如果不经历一道道关卡，你就无法一步步前进，哪怕每道关卡看似甜蜜，却要艰辛地动脑闯过。其实，生活也是这样，人人都希望生活甜蜜，但是，这种甜蜜是需要吃得绞尽脑汁的半苦，才能建立的。

吃苦是成功的必经之路，我们必须将一道道关卡闯过，才能体会到吃苦的快乐，体会到生活的意义。许三多说："做有意义的事儿就是好好活。"可什么是好好活？好好活就是将所有的苦都咽下，将它转化为动力。

孟子在《生于忧患，死于安乐》一文中写道："故天将降大任于斯人也，必先苦其心志，劳其筋骨，饿其体肤，空乏其身，行拂乱其所为，所以动心忍性，增益其所不能。"吃苦是上天对我们的一种考验，无论谁，要想走到自己想要的成功，就要"咽"得下这些苦。

上天所给的每一份苦，都是在激励我们的心志、坚忍我们的性情，增加我们所欠缺的能力，只有冲破阻挠，才算是真正的英杰。痛苦固然会让人感到委屈，但只有在历经痛苦后，才能开创出璀璨的人生。

无数事实证明，世界上有许多做出重大成就的人都是从痛苦中走过来的，当深陷痛苦时，他们没有退缩，没有自生自灭，而是努力将自己的才华和价值展现出来。虽然他们的内心一直处于挣扎中，但是他们的双手并没有被痛苦所束缚，哪怕有最后一点力量，他们也要让人生跳跃出动人的火焰。

我国清代作家曹雪芹出身官宦世家，少年时过着衣食不缺的富足生活，却家道中落，常年连温饱都无法解决，但他并不为恶劣环境所影响，还在自家破旧墙壁上写下"富非所望不忧贫"的座右铭，最终写出了《红楼梦》这一旷世奇作。

当代著名数学家华罗庚年幼时身染伤寒，因延误治疗导致左腿残疾，但他没有自暴自弃，而是更加发奋地攻读数学，最后在清华大学教授的指导和帮助下，成长为享誉国内外的科学巨匠。

人们很容易看到他们生命中甜蜜美好的一面——留下旷世巨作，成为著名科学家，可是在这美好的一半到来之前，他们无不经历了苦涩黑暗的另一半人生。

美国棒球界的最高明星罗德里格斯很小的时候就喜欢棒球，但是，在他最初接触棒球时根本就是一个一点儿天赋都没有的孩子。

一天，他头戴球帽，手拿球棒和棒球，全副武装地来到自家后院。已经练习了很多天仍没有打到球的他一点儿也没有气馁的模样，他自言自语地说：

"我是世界上最伟大的打击手！"说完，他把球往空中一扔，用力挥棒，但却仍旧没有打中。

小罗德里格斯整了整帽子，再次把球往空中一扔，大喊一声："我是最厉害的打击手。"他狠狠地挥动球棒，但是，球像故意在气他一样，连球棒边儿也没挨着就溜走了。

"怎么了这是？"小罗德里格斯伤心地说，他呆呆地站在原地，"难道我真的不适合打棒球吗？"

时间"滴滴答答"地流逝着，很长一段时间后，小罗德里格斯蹲下，他细检查了他的球棒和球，然后又认真整了整衣服，站起身，他决心再试一次，他扔起球，大声喊道："我是无人能比的最佳打击手！"

但是，命运好像在整这个小男孩一样，球棒又落空了。突然，小罗德里格斯似乎明白了什么一样，突然跳起来喊道："原来我是一流的投手呀！"从此，他认真练习着投球，终于有一天成了最棒的棒球投手。

罗德里格斯在经历了一次次失败之后，突然峰回路转，虽然他的坚持吃苦没有让他成为"一个伟大的打击手"，但是如果不是他忍耐下来人生中充满失败的苦涩的一半，他也不会拥有笼罩在一个"一流的投手"光环下的另一半生活。无论何时，无论何人，当你吃尽苦时，一定会豁然开朗，因为吃苦是成功的必经之路。这条路铺满了你的付出，也有你一次次吃苦积攒的财富，更重要的是它是你通向成功的路。

"不经一番寒彻骨，怎得梅花扑鼻香"，苦和甜各占生活的一半，只有吃尽一半的苦，才能品尝另一半的甜。

感谢那些看似不好的 "运气"

人们常常觉得 "半" 不够完美，期望着月常圆、花常开、春常在，总以为相比于 "半"，"一" 的圆满才更有价值。

因此，有人常常会抱怨自己的人生为什么总是不如意；自己的运气为什么总是不好；别人的工作、生活都顺风顺水，而自己却总是走 "霉运"；人家走的都是直路，自己偏要转个弯才能到达；人家用了一天的时间，自己偏偏要用两天的时间。于是他开始怨天怨地，越是这样，人生的不如意也就越多。当别人成功时，他还是生活在埋怨当中。

其实，人应该感谢那些看似不好的 "运气"，正是因为拥有了这一半不完美的经验，才看到了别人没有看到的风景。人生百年，谁能保证自己一定能拥有一条平坦的大路呢？挫折、失败可能就在某处等我们，面对它们时，委屈、无助、怨天怨地都解决不了任何问题。上天不会故意和谁过不去，那些挫折并不是因为你的运气不好，而是你的运气很好。

登山时，本来好好的晴天结果突然下雨了，那么你应该感谢上天为你安排了这难得的雨景；走在荒野，突然失去了方向，那么你可以感谢上天让你掌握了一份自救的能力；工作时，老板又一次训诫，那么你一定要感谢他的脾气使你再也不会犯同类错误……运气不好的人，会经历更多挫折，这样他们所具有的能力也就更高，因此，这样的人的未来路一定会 "一帆风顺"。

美国著名电台广播员莎莉·拉菲 30 年职业生涯中，曾被辞退过 18 次。18 次，听起来有点像开玩笑，但事实就是如此。最初，美国大部分的无线电台并不愿意雇用她，因为在当时，女性播音员并不吸引听众。

经过多次求职，她终于在纽约的一家电台找到一份工作。但没过多久，用人单位就以她跟不上时代为由将其辞退。莎莉没有因此而灰心丧气，在总结了失败的经验教训后，她写信给国家广播公司电台，向其推销她的倾谈节目构想。

电台考虑很久，最终答应让她来上班，但要她先在政治台主持节目。虽然对政治知识所知不多，但富有冒险精神的她还是决定一试。

工作几年后，她对广播工作早已做到了轻车熟路，于是在一次国庆节来临前，她利用自己的人际关系以及平易近人的处世作风，策划了一场别开生面的广播交流会，真诚地邀请听众打电话来畅谈他们的感受。

众多听众对这个节目产生了浓厚兴趣，并积极参加。活动过后，莎莉一举成名。如今，莎莉·拉菲尔已经成为自办电视节目的主持人，曾两度获得重要的主持人奖项。她说："我被人辞退18次，许多人以为我会被这些厄运吓退，做不成我想做的事情。结果相反，它们鞭策我勇往直前。"

莎莉·拉菲的运气实在是坏透了，一次次地被辞退，或者因为她是女人，或者因为跟不上时代。但是，莎莉是一个很倔强的人，在树立了一个目标后，她就会坚持不懈地走下去，始终坚持走自己认为对的路，就算被辞退18次，她仍然没有怀疑自己的选择。她变得更有勇气，并且不断尝试，不断将自己的工作做到最好，最终她成功了。

如果没有这一次次被辞退的不圆满的一半人生，也不会成就日后那个自办电视节目，两度获得主持人奖的莎莉·拉菲了。换句话说，正是人生前一半的坏运气，才让莎莉·拉菲鼓起了将厄运打败的勇气，才有后一半人生的"一帆风顺"。

其实，分析下"一帆风顺"这个成语吧，只有帆直面风浪时，才会顺风顺水。因此，那些生命中的厄运其实就是吹向帆的风，只有你直面它，才可以顺风顺水地前行。

巴威尔·利顿爵士身兼多职，既是小说家，又是诗人、戏剧家、历史学家、演说家。出身不凡的他大可以和其他贵族一样享受自由自在的奢华生活，但是他最终却选择了写作。写作是个苦差事，需要经常熬夜，所以当时很多人并不理解他为什么要这样做。

经过夜以继日的煎熬，巴威尔终于创造了自己的首部诗作《杂草和野花》，然而，这部作品却被当时的文学界批为败笔。还有文学家讥讽说："这就是真正的'杂草和野花'。巴威尔那个家伙还真是自不量力，以为凭一句'啊，美好的生活'就能进入作家行列，真是太可笑了。"

第一部作品让巴威尔成为当时文学界最大的笑料，但他并没有因此放弃，他继续创作着。过了一段时间，他的小说《福克兰》问世，令人遗憾的是，这又是一部失败之作。这一下，一些看不惯他的文学家更加肆无忌惮地嘲笑他了，认为他将无法在文学界取得成就。

连续两次都失败，一般人早就知难而退了，但倔强的巴威尔没有放弃，他笔耕不辍，始终坚持着写作。或许是这种不达目的决不罢休的决心给巴威尔的文字赋予了灵性，一年后，巴威尔发表了一步让读者以及文学家都津津乐道的好书《伯尔哈姆》。

从失败的阴影中走出来后，巴威尔继续自己的文学创作之路，在以后30年的文学创作生涯中，他又发表了许多优秀作品，并为广大读者喜爱。

巴威尔一次次被厄运打败，这种坏运气像一个巨大的阴影罩在了巴威尔的头顶，但是，他的倔强将厄运打散了，这种倔强也让他将失意化为动力，把阴影变成遮阳的大伞，在大伞的"保护"下，安安静静地创作，把自己的坎坷用文字表述出来，最终取得了成功。

爱默生说："每一种厄运，都隐藏着让人成功的种子。"普希金说："在那些曾经遭遇挫折的地方，最能长出思想来。"两位名人的话说明了这样一个道理：苦难是有价值的，它能让我们获得思想，并最终走向成功。

带着厄运、挫折、意外的人生本就是一个不完美的"半"，而只有以勇士一样积极勇敢和豁达的心态，才能在月的阴晴圆缺之间欣赏美丽，花朵开落之中感受诗意，在春夏秋冬的流转之中不断成长，不断使人生趋向完满。

要做山谷中的野百合

苦境并不可怕，人生本就是半苦半甜的，没有苦味的人生也就不会觉得甜。但是，当你处于苦境时，你是不是还坚持自己的梦想，直面苦境呢？

人人都要经历自己的苦境，但一半的人会沉沦其中，而另一半的人却能以苦境为磨砺，从而走上人生的更高峰。

人生没有哪一种苦境算是绝境，那些被逼得"走投无路"就自暴自弃的人是因为他们丢掉了自己的主见。在无畏者的心中，人生是没有绝境的，因为绝境只存在于人的心中。有些时候，我们可能被现在的苦难折磨得痛苦难言，但只要心中仍然坚持着信念，就可以很坚强地面对这种苦境，这时你会发现，它只不过是你人生中的一个小麻烦而已。哪怕短时间我们无法走出这个境地，但只要不放弃地努力，心中保持坚定的信念，就一定会走出来。

在一个偏僻遥远的山谷里，有一个高达数千尺的断崖。不知道什么时候，断崖边上长出了一株小小的野百合。

野百合刚刚诞生的时候，长得和杂草一模一样。但是，它心里知道自己并不是一株野草。在它的内心深处，有一个纯洁的念头："我是一株百合，不是一株野草，唯一能证明我是百合的办法，就是开出美丽的花朵。"有了这个念头，野百合努力地吸收水分和阳光，深深地扎根，直直地挺着胸膛。

终于，在一个春天的早晨，野百合的顶部结出了第一个花苞。野百合的心里很高兴，附近的杂草却都不屑，它们在私底下嘲笑着野百合："这家伙明明是一株草，却偏偏说自己是一株花，还真以为自己是一株花。我看它顶上结的不是花苞，而是长瘤了。"

它们在公开的场合讥笑野百合："你不要做梦了，即使你真的会开花，在这荒郊野外，你的价值还不是跟我们一样？"

偶尔也有飞过的蜂蝶鸟雀，它们也会劝野百合不用那么努力开花："在这断崖边上，纵然开出世界上最美的花朵，也不会有人来欣赏呀！"野百合说："我要开花，是因为我知道自己有美丽的花；我要开花，是为了完成作为一株花的庄严使命；我要开花，是因为喜欢以花来证明自己的存在。不管有没有人欣赏，不管你们怎么看我，我都要开花！"

在野草和蜂蝶的鄙夷下，野百合努力地释放着内心的能量。有一天，它终于开花了，它那灵性的洁白和秀挺的风姿，成为断崖上最美丽的风景。

这时候，野草与蜂蝶再也不敢嘲笑它了。

百合花一朵朵地盛开着，花朵上每天都有晶莹的水珠，野草们以为那是昨夜的露水，只有野百合自己知道，那是极深沉的欢喜所结出的泪滴。

年年春天，野百合努力地开花、结籽。它的种子随着风，落在山谷、草原和悬崖边上，在每一处都开出洁白的野百合。

几十年后，远在千里外的人们，从城市、从乡村，千里迢迢赶来欣赏百合花。许多孩童跪下来，闻嗅百合花的芬芳；许多情侣互相拥抱，许下百年好合的誓言；无数的人被这美景感动得落泪。

那里，被人们称为"百合谷地"。

不管别人怎么欣赏，满山的野百合都谨记着第一株野百合的教导："我们要全心全意地开花，以花来证明自己的存在。"

野百合没有好的生长环境，被野草瞧不起，又得不到任何赏识，如果换在人身上几乎是最痛苦的事，但是，野百合始终相信，只要它肯努力，一切的不如意都会过去。终于有一天，它把自己的种子传遍整个山谷，经过苦难的野百合成了山谷中最美的一道风景。

苦难来临并不可怕，可怕的是自己的屈服，人类从诞生之初就一直在与苦难作战，而历史告诉我们，所有畏惧苦难的人都被苦难吞没，那些把苦难踩在脚下、狠狠踩碎的人获得了最终的成功。当人们在森林中突然遇到一只野猪的攻击，总有一半的人会是跪下来乞求，而另外一半的人会拿起武器作战。这是面对苦境的不同选择，让曾经出生在同样苦境中的婴儿又补了不同的后半段人生。

有一个著名的音乐家，他的一生可以用苦难两个字来形容。从他4岁那年开始，一直到生命的最后一刻，他始终都没有摆脱苦难的纠缠。不过，他并没有被苦难打败，而是用自己坚定的人生信仰超越了苦难，最终脱颖而出。

他长期将自己关禁闭，疯狂地练琴，每天至少要练习10到12个小时，忘记了饥饿和死亡。他13岁时，开始周游各地，过着流浪的生活。除了那把始终陪伴他的小提琴以外，他一无所有。除了拉琴，他还在指挥艺术上苦下功夫，并创作出《无穷动》、《女妖舞》、《随想曲》和6部小提琴协奏曲及许多吉他演奏曲。在他15岁那年，他举办个首次音乐会，一举成名，轰动了整个音乐界。他的名气很快便传到了法国、德国、英国、捷克等国家。

他的琴声到底有多神奇？帕尔玛首席提琴家罗拉听到他的演奏之后，惊异得从病床上跳下来，木然而立；维也纳一位盲人听到他的琴声，以为是乐队在演奏，当得知台上只有一个人时，大叫"他是个魔鬼"，匆匆逃走；卢卡共和国宣布他为首席小提琴家。

也许你知道他的名字，没错，他就是闻名世界的超级小提琴家——帕格尼尼。

"山重水复疑无路，柳暗花明又一村"。生活本就充满苦难，因此我们要遇山开山，遇水劈水，只有你坚强起来了，苦难才会变得渺小。海明威曾说："生活总是让我们遍体鳞伤，但到后来，那些受伤的地方一定会变成我们最强壮的地方。"挫折之中往往孕育着未来的希望，过去的创伤所带来的苦难往往正是我们应对生存危机的力量。

用一颗坚定的心面对苦境吧，在苦难面前一个人的主见就是一把锋利地划破苦境的长剑，相信自己，不要轻言放弃，也不要沉浸于悲伤之中。用一颗坚定的心去战胜苦境，终会寻找到心中的"桃花源"。

一个人，只要心中有一份信念，便可以成为在苦难中获得磨砺与成长的那一半，在吃过人生的半苦后，尽享人生的甘甜。

你想幸福吗？请先学会吃苦

在云南大理白族居住的地方，有一种茶名为三道茶，它的特点是一苦二甜三淡，象征着人生的三重境界。或许这人生的一份份苦难让你觉得委屈，但是它是你人生的必经阶段。最重要的是，这些磨难是一种难得的机遇，它是你走向成功的垫脚石。当你尝透了这些苦味时，自然也就会品尝到甜的滋味了。

在人生路上，失败和挫折是必须要经历的，那些长在温室中的小花永远不能体会阳光、风雨的魅力，而且也正是阳光风雨给了所有花草树木成长的能量。温室中的小树苗可能会娇艳无比，但它永远也没有可能成长为参天大树。挫折和磨难可以为一个人提供很多顺境中所不能学到的知识，艰辛的道路让我们学会了冷静，学会了动脑，磨炼了意志，增强了战斗力……这个过程正是我们完成自我提升的过程。道路越是艰辛，我们离成功也就越近。

有一个知识渊博的人遇见智者，他生气地问智者："我是个博学的人，可是为什么却没有成名的机会呢？"

智者无奈地回答："你虽然博学，但样样都只尝试了一点儿，不够深入，用什么去成名呢？"

那个人听后便开始苦练作画，后来虽然画得一手好画还是没有出名。

他又去问智者："智者啊！我已经精通了作画，为什么还是没有成名的机会呢？"

智者摇摇头说："你并不是没有机会，而是你抓不住机会。我曾暗中帮助你去参加作画比赛，你缺乏信心和勇气，又怎么能成名呢?"

那人听完智者的话，又苦练数年，建立了自信心，并且鼓足了勇气去参加比赛。他画得非常出色，却由于裁判的不公正而被别人占去了成名的机会。

那个人心灰意冷地对智者说:"智者，这一次我已经尽力了，看来上天注定，我不会出名了。"

智者微笑着对他说:"其实你已经快成功了，只需最后一跃。"

"最后一跃?"他瞪大了双眼。

智者点点头说:"你已经得到了成功的入场券——挫折。现在你得到了它，成功便成为挫折给你的礼物。"

这一次那个人牢牢记住了智者的话，他坚持再坚持，果然最后取得了成功。

著名的"领导力大师"活伦·本尼斯在他的《领导者》一书中写道:"无论是政府、民间还是非营利领域的领导人，他们都有一个共同特点:每个人都曾犯过严重的错误，然后反败为胜。"

历史上许多伟大的政治家、思想家、文学家，如曹雪芹、海伦·凯勒都是从痛苦的泥淖中踉跄走过来的。可以说，磨难使他们得到了更多的人生体会，积累了别人所没有的经验，自然他们的机遇也比别人要多。

大作家屠格涅夫曾经说过:"你想成为幸福的人吗? 那么，请先学会吃苦。"在这里，"苦"是苦难和挫折，"吃"就是要去面对苦难和挫折。其实，人来到这个世上都是要吃苦的。吃苦是一种美德。从小，老师就教育我们要有吃苦精神，只有吃得苦中苦，才能成为人上人。

高考过后，一向没吃过苦的晓彬发现:父亲在一个月前破产了，家里值钱的东西都卖了，包括他最爱的钢琴。妈妈对他说，已经没有办法支付他的学费了，想要继续上学，必须自己去打工。一时间，晓彬觉得自己委屈极了。

在表哥阿明的帮助下，晓彬找到一份在咖啡厅端盘子的兼职。刚上班一天，晓彬就叫苦连天，说自己根本干不了这种伺候人的体力活。趁晓彬轮休的日子，阿明把他带到了一个公园，那里，丁香花正开得灿烂。阿明突然问他："你闻到丁香花的香味了吗？"

晓彬点点头，虽然情绪低落，但头顶浓郁的花香还是让他心旷神怡。阿明伸手摘下一片叶子，递给他："想不想尝尝什么味道？"晓彬机械地将丁香花塞进嘴中，不消一秒，便将其全部吐出。那味道实在太苦了，喉咙都有些抽搐。

"很苦吧。"阿明在丁香树下的长椅上坐下，缓缓说起了自己的故事，"丁香花的味道就如我五年前对生活的体会。那年我正读高三，父母先后患上重病，把家里积蓄花完后，就靠你们家在接济，但我知道叔叔的生意也很艰难，为了不拖累别人，我就在课外时间去打工，周一到周五端盘子，周末到工地上打小工。"

听到这些，晓彬极为惊讶，阿明对他笑笑，接着说，"上天待我还是不错的，让我赚到了钱，还让我顺利考上了一个不错的大学。后来，我想明白了，年纪轻轻的，多受点委屈、多吃点苦一点坏处也没有，它能锻炼我们的意志，让我们在遇到同样的困难时，轻松地将其解决掉。也正是因为我肯吃苦，有非常多的打工经历，我是我们那届第一个被名牌大公司签走的人。"

最后，阿明说："让你尝丁香花的味道，是想告诉你，最苦的树会开出最香的花，吃尽苦头，才能换来最甘甜的生活。"

苦难就像一颗外苦内甜的果实，只尝外面的一半，吃到的只能是苦涩，慢慢咀嚼下去，就会尝到里面一半的甘甜。所以不要在刚吃到苦时就哀叹自己的日子过不下去了，只要把苦头吃尽，甘甜自然就回来。有人会羡慕那些含着金汤匙出生的人，羡慕他们一辈子都不用吃苦，但从来不曾吃过苦并不是什么好事。不能吃苦耐劳的人，即使给他万贯家财，他也可能在某一天挥霍一空。

人们经历艰辛后更要坚守自己的目标，征服困难超越自我，经历挫折之后的反思，是任何教科书上都不会有的。人只有经历磨难之后，才会具有面对磨难的能力，而这种能力正是助你找到人生正确道路的方向标。如果你现在正在经受磨难，那请细细品味，并从中"榨"取任何一点精华吧，因为它是你想要找寻也难以得到的人生机遇，只有吃过人生一半的苦，才能获得半生的清甜。

摔倒了，才有机会捡起璀璨的宝石

"失败"是任何一个人都不想听到的词语，但是，成败之间各有人生的一半风景。走过了人生前半充满失败打击的风雨，才能迎来人生后半成功的彩虹。

失败可以开阔人的思路，使人变得更聪明，失败的人常常就是握着成功大门钥匙的人。但是，有很多人虽然经历了无数次的失败却没有发现成功的钥匙，这是为什么呢？那是因为成功的钥匙会留给那些一直准备成功的人。

有些人经历了失败会在失败中痛苦消沉下去，那么它便与成功失之交臂了，那把成功的钥匙会从他手中消失。但是，有些人会从失败中找到避免失败的措施，他便获得了争取成功的条件。持之以恒地坚持奋斗，每次摔倒都会捡起璀璨的宝石，把这些宝石积累起来，你会发现，你的手中一直握着的是一枚成功的钥匙。

卡耐基说："从失败中培养成功，障碍与失败是通往成功的两块最稳固的踏脚石。"因此，如果走向成功除了持之以恒之外，总结失败的经验同样重要，学习、研究与开拓同样重要。哲学家波普尔认为，一个人经历 100 次失败之后，他就会成为这个特定问题的专家。自占就有"久病成医"的说法，由此看来，失败的次数越多，成功的概率也就越大，所以失败的下一站也许就是成功。

松下幸之助说："在我的人生字典里，永远没有失败一词，因为每一次失败是我弥补某种不足的一次机会。"失败的一半就是成功，每一次失败只是把你向成功又推进了一把。

西部"牛仔大王"李维斯的西部发迹史同样充满坎坷、充满传奇。他的致胜"法宝"是每当遭受打击时，永不认输，并且兴奋地对自己说："太棒了！这样的事竟然发生在我的身上，又给了我一次成长的机会。"

当年他像许多年轻人一样，带着梦想前往西部追赶淘金热潮，岂料一条大河挡住了去路。苦等数日，被阻隔的行人越来越多，但都无法过河，人们怨声一片，陆续开始打道回府。难道他也要认输吗？"不！既然大家都被大河挡住了去路，我何不摆渡呢。"很快李维斯因摆渡获得了人生的第一笔财富。

由于到西部的时间比较晚，好的地方已经被先来者占据。李维斯好不容易找到一处合适的地方，准备开始淘起金来，便有恶汉走过来跟他抢占地盘。

他刚理论几句，那伙人便失去耐心，一顿拳打脚踢。

没有好的地盘了，淘金的希望太渺茫了，这样下去什么都不会得到，难道回家吗？想到这里，李维斯犹豫了一下，随即对自己说："不！不！不能这样就认输。"看到淘金者们时常忍受没有水喝的痛苦样子，一个念头在他脑中一闪而过："卖水！"

李维斯没日没夜地挖水渠，从百里之外将河水引入水池。然后，将水装进水桶里，开始卖水了。一时间，排队买水喝的人挤破了头，喝够了还要买回去一些储存起来。水总是供不应求，他的生意红红火火。

慢慢地，有人开始参与卖水的新行业了。再后来，卖水的人已越来越多，这样李维斯的生意很快就被瓜分了。这次，他依然没有认输，他看到淘金人成天在野外挖矿裤子极易磨破，于是他收集了一些废弃的帆布帐篷，缝制成了裤子，这种裤子布料很厚很结实，不容易磨破，非常受欢迎，这就是牛仔裤的发明。

遇到失败的时候，不要总强调"我已经失败了"的信息，而是像积极思维大王李维斯一样，永不认输，并且对自己说一句："太棒了！这样的事竟然发生在我的身上，又给了我一次成长的机会。"

成与败，福与祸，甜与苦，本身就是我们的生命必经的两半。既然不能逃避苦涩的那一半，那么就用这一半来历练自己，来磨砺自己，只有如此走过人生的半苦，才能获得最终的成功与幸福。

第二章

先忍辱，受得半辱才是荣

在有些人看来，一个人若是忍气吞声，就会被视为懦弱可欺之辈。实际上，坚忍是一种历练，是一种智慧，在暴风骤雨的磨砺下，使人意志顽强，处世沉稳。忍，并非懦弱无能。相反，它是另一种意义上人格的超脱。就如卢梭所说："忍一忍，让一让，千仇万恨解一半。"

"忍"最难的，在于管好自己的嘴

祸从口出，病从口入。一句话可以成事，也可以坏事。人有嘴，既可发声，也可沉默，便是要人说一半话，忍一半话。睿智的人，懂得何时开口，何时闭嘴，何时直抒胸臆，何时隐忍不发。

把心中的话说出来容易，只要随着心之所至就可以，然而不是所有的话都应该说出口，尤其在情绪激愤的时候，如果能将一半的话忍住不说，便少了很多冲动，也给双方留下了冲突过去后重新心平气和地面对彼此的空间。

因此人们才说："退一步海阔天空，忍一时风平浪静。"

然而做到这一个"忍"字并不容易，"忍"字头上一把刀。当我们觉得受到冒犯，受到侮辱的时候，我们往往情绪激动，最先在心中涌起的不是"忍"字，而是反击的话、解气的话，甚至是拳脚相加的冲动。但如果我们跟随这冲动而行又能得到什么结果呢？只能是激化的冲动、怨毒的话语和一个长久的敌人，最后留下的，只能是追悔莫及的心情。但如果我们忍下那一半的冲动，平静而礼貌地告诉对方其行为的不合理之处和给自己带来的困扰，也许我们得到的，就是对方不好意思的道歉，和一个日后相互尊重的朋友。

"忍"最难的，就在于管好自己的嘴，咽下一半的话。俗话说"不平则鸣"，然而在当今精妙复杂的人际关系中，若一旦感到受到委屈和不公就只顾一吐为快，一有不满就抱怨，一有冲突就反唇相讥，造成的只能是恶劣的人际关系，和上司的不信任。

刘瑾为广州第三大广告公司——A广告公司的业务精英。一天，老总派他为上海的客户作一份项目可行性研究报告，但是，这次合作为初次合作，刘瑾并不了解上海的公司。

刘瑾把报告作完后，发了过去，之后，上海那家公司的联系人小江通过网络问了一些在业内人士看来觉得很可笑的初级问题，刘瑾便随口说："你刚入行吧！"结果小江觉得刘瑾在讥讽他，于是对着刘瑾破口大骂。刘瑾也不是忍气吞声的人，两人马上针锋相对起来，最后不欢而散。

第二天，刘瑾的老总知道这件事后，把刘瑾找来问明了事情的始末。客观地讲，这件事的发生并不都怨刘瑾，实际上小江的责任比刘瑾还大。所以老总也没说刘瑾什么，但是他随即拨通了上海客户的电话，亲自向对方道歉："对不起，手底下的孩子办事情不周到，多有得罪，您大人有大量请您包涵……"

上海那边了解事情后，也觉得自己做得不对，自己是买主，面子实在过不去，于是打算取消合作。不过，这时，接到了对方的电话，而且是人家老总亲自打来道歉的。这时，上海的客户感到很不好意思，明明错在自己，可是人家却主动道歉，先退一步，自然也就不计前嫌。

事情处理完后，刘瑾与小江都为此承担了相应的处罚。

其实我们每个人都在交往中或多或少地判断着对方、评价着对方，性急的人遇到生手时也难免会有些不耐烦，但若能将这情绪忍下来不宣之于口，便可相安无事。而刘瑾正是忍不住心里话随口评论，而小江觉得受到了侮辱而用破口大骂极力挽回面子，于是两人才针锋相对。就因为两人不懂得"忍"字，没有把好"嘴门关"才造成了日后公司之间交涉的麻烦，结果承担代价的还是自己。

人的一生不可以时刻都左右逢源，不可能永远都一帆风顺。我们常常因为各种事情感受到委屈甚至屈辱——从小时候被老师的一次冤枉，到如今上司的一次不理解。可是人生在世，这样的委屈谁又不曾受过呢？越王勾践忍得丧国之辱打败夫差；司马迁忍得宫刑之辱成就《史记》；韩信忍得胯下之辱成就大业……荣辱仿佛人生硬币的两面，彼此各占一半。只有忍得了半辱才担得起半荣。

有一天，一个年轻人来找智慧老人，请求帮助。

年轻人悔恨地说："我在公司跟一位德高望重的老人聊天时，他批评了我，我顶了几句，现在想来，他说的是对的。可当时我已经伤了他的心，我深感自责，我对自己的出言不逊感到很不安，我该怎么做才能弥补自己的过错？"

智慧老人给了年轻人一袋羽毛，说道："今天晚上你绕着小镇走一圈，在每一家门前的台阶上放上一根羽毛，明天早上，你再去一一把羽毛收回来。然后，把结果告诉我。"

第二天，这个年轻人愁容满面地来找智慧老人："昨天晚上，我照你所说的话去放羽毛，可是，今天早上，我收回羽毛的时候，却连一根都找不到了。"

"你所说过的话也是如此，说出的话就像放出的羽毛一样，一出口，它们就飞走了，再也收不回来了。"智慧老人解释道，"所以，你最好不要把羽毛放得到处都是，也就是说要管好自己的嘴巴。"

美国艺术家安迪渥荷曾经告诉他的朋友说："我自从学会闭上嘴巴后，获得了更多的威望和影响力。"

用"忍"管住"嘴门关"，并不是说面对他人的误解和不公正的待遇诺诺不敢言，而是忍住那一半冲动和攻击性的话，留下另一半理智的话和对方进行礼貌而有效的沟通。说话的时候，"三思而后行"应该记在心上，因为在这个社会中没有人会迁就你的直来直去，也没有人会因为你的不经大脑而原谅你的冲动。如果你血气方刚，那么请在"三思"之后再开口，因为这时你的"蠢话"或者"危险话"才不容易跳出来。

说一半话，忍一半辱，才能享受人生另一半的荣耀。

心不绝望，梦想就在

人生的幸福与否由两半决定，一半是外在处境，一半是内在心态。当处境潦倒时，只要心不绝望，就总有梦想和希望。

人什么时候才会走到人生之路的尽头呢？除非是意外罹难或者岁月不饶人的年老而终才是最理所应当的，其他的时候根本没有尽头。也许很多人会反对这种说法，因为在他们的人生中，正在经历着绝望。

遭遇破产，失去工作，身患重疾，抑或是家庭解散……这些可能都会使人陷于绝望中，特别是当遭遇这些时又加上那些"落井下石"的鄙夷眼光，更是雪上加霜，让人痛苦不堪。

有时，绝望只是一种考验，如果你能忍住绝望，坚定梦想，那你一定不会被打倒。处于绝望中就像黎明之前那个最黑暗的一刻，只要你忍一忍，就一定会闯过去，迎来一片曙光。

《黑人文摘》的创办人约翰逊在创办杂志之初，遇到了层层困难：杂志内容不受欢迎，发行量太小，甚至连员工也都觉得杂志不应该再办下去。但是，约翰逊没有放弃，他仍然积极地做着宣传。思考了一段时间之后，他决定写一系列"假如我是黑人"的文章，这些文章立足于白人，请白人换位思考，把自己置身于黑人的位置上，然后严肃地提出问题，引发人们思考。

文章一发行，便取得了良好的反响，杂志的发行量有所提升，但是仍然很有限，于是约翰逊想到要由一个具有影响力的人来说"假如我是黑人"不是更会引起人们注意吗？于是他想到了罗斯福总统的夫人埃莉诺。人们纷纷劝阻约翰逊，认为这是一件不可能实现的事，即使去邀请了也没有用。但是，约翰逊仍坚持给埃莉诺写了一封诚恳的信。

信发出去几天后，约翰逊就收到了罗斯福夫人的回信，但是，像人们预料的一样，罗斯福夫人称自己很忙，没有写作的时间。就这样，约翰逊的邀请被拒绝了，但是约翰逊一点也没气馁，他迅速写了第二封信，而且言辞更加恳切。几天后，约翰逊又收到了与上一封一样的回复。

约翰逊看到回信，连丝毫的犹豫都没有，也没有管周围人们的反对，再次写了第三封、第四封，几乎每隔半个月，约翰逊就会寄出一封邀请信。

突然有一天，罗斯福夫人因公事来到约翰逊所在的芝加哥市，而且会在这个城市中停留两日。约翰逊听说后，非常欣喜，迅速给罗斯福夫人发了一封电报，恳求她在停留于芝加哥的两天中，为《黑人文摘》的"假如我是黑人"一栏撰写一篇文章。

这次，罗斯福夫人没有拒绝，她已经拒绝了无数次，怎么能再拒绝呢？于是她在忙碌中抽出时间，撰写了一篇文章，而且文章写得很认真。

《黑人文摘》刊登了罗斯福夫人的文章，消息不胫而走，轰动了整个美国，杂志销量从过去一个月 2 万份陡然增加到了 15 万份。之后，约翰逊在此成功的基础上，又发行了一系列有关黑人的杂志，而且涉足了书籍、广播和妇女文化等事业，每份事业都做得很成功。

每个人都以"哇哇"的哭声与世界打招呼，仿佛从出生的那一刻开始就感到了生活的不容易。走在人生路上，不可能总是一帆风顺，挫折和困难是常见的绊脚石。人生路是有很多岔路口的，有些人遇到挫折时，会退而求其次走另一条路，有些人则会原地不动等待别人来解决，还有一些人会想办法去把这"绊脚石"搬走，为创造一条平坦大路。

这是一次灾难性的航行，在海风没起之前，人们还在船上安然地看着做着自己的工作。但刹那间，阴云密布，海风卷着巨大的浪头向船上打来，船瞬间被打翻了，船上的人员死伤无数。

一个正在栏杆旁工作的人无意中得到了一个救生艇，这对于他来说简直就是不幸中的万幸了。但是这只小小的救生艇像一片树叶一样，在茫茫的大海上飘摇、颠簸，他迷失了方向，根本看不到救援人员，也无法联系到他们。

天渐渐越来越黑了，饥饿、寒冷和恐惧一齐袭上心头。这场突如其来的灾难使他除了这只救生艇之外，一无所有。看似他可以活下来，可活下来的希望似乎现在很渺茫了，不在那一瞬间被淹死，也会在这无边的大海上冻饿而死，更有可能成为某些海洋生物的腹中之物呢！

忽然，他发现远处竟然出现了一片片阑珊的灯光，他高兴极了，本已经没有力气的身体突然变得壮实起来。他奋力地划着小船，向那片灯光前进。

命运似乎总喜欢捉弄他，那片灯光显然太远了，他划了一个晚上，直到天亮也没有到达那个地方。但是，他并没有死心，还在继续划着小船。他觉得，只要有灯光的存在，那么一定有人，说不定那里就是一座城市或者港口，不管是什么，总之那是一片生的希望。

白天，灯光看不清，只有在夜晚，那片灯光才在远处闪现，所以他白天放慢速度保持体力，到了晚上就奋力地前行。那片闪耀的灯光离他越来越近，对他招手。

就这样，一天、两天、三天过去了，饥饿、干渴、疲惫更加严重地折磨他。有几次他几乎觉得自己快要崩溃了，但一想到远处的那片灯光，他觉得希望就在前方，陡然增添了许多力量。

第四天的黎明，他仍然向着那片灯光前进着，但已经是心有余而力不足了，他再也支撑不住了，昏倒在小船上。在昏倒的瞬间，他的脑海中还仍然闪烁着那片灯光，因为他的心里还认为自己能够活着到达那个可以让他生的地方。

这天傍晚，一艘外国的货轮从这片海域经过，把他救上了船。在船上医生的治疗下，他终于醒来了。大家才知道，他已经在海上不吃不喝地漂泊了4天4夜。

船长好奇地问："你是怎么坚持这么长时间的呀？"因为对于一个人来说，在这片茫茫无边的大海上即使吃喝全有的话，恐惧也会让人放弃的。

"是那片灯光给我的力量！"他指着远方的那片灯光，面带微笑地说。

大家顺着他指的方向望去，那里是什么灯光呀，只不过是反射月光的波光粼粼的海面呀！

落难的人把远方的海面当作了灯光，他每天都会奋力地向着光亮划去，虽然那是一个永远不能达到的彼岸，但就却给了他生的希望。在孤独、恐惧、寒冷、饥饿等环绕的大海上，他坚持着自己的信念，所以最后才得以获救。

这个世界上从来没有真正的绝境，也没有真正的痛苦，有的只是绝望的思维、痛苦的想法，只要心灵不干涸，只要心中还有阳光就能摆脱迷惘看到光明的希望。

因此，在人生的道路上，并不是一帆风顺的，难免会迷失方向，陷入绝境。我们也许无法改变外在的那一半，那么就先从改变内心的一半开始，只要心怀信念，就永不绝望。

忍住你的火气，敌人或许就成了友人

我们每天都在和形形色色的人打交道，难免一半是一拍即合的朋友，另一半却是难以相处的敌人。这样的时候，只要宽容，可以把另一半的敌人也变成朋友。

宽容是丝丝春雨，能融化顽固的冰层，敲醒沉睡的爱心；宽容是萧萧的秋风，能吹散自卑的阴云，唤回迷失的良知；宽容无须夸张的装饰，也无须漂亮的言辞，有时即便是一个微笑，一声问候就足够了，犹如小溪潺潺流过心间，犹如彗星悄悄划破星空。

宽容会让对手变成朋友，是友谊的奠基石。如果我们对身边的每个人都充满了一颗仇恨之心，以挑剔的眼神看待周围事物的话，那么我们就不会欣赏到友谊之花的美丽。有时，对手可能让你十分气愤，他陷害你、侮辱你、处处为难你，如果此时你的火气上撞，"以牙还牙"，那么你们的仇就结上了。但是，如果此时你"以德报怨"，高尚地宽容他的过失，委婉地提醒他的错误，那么可能对手就变成了朋友。忍住你的火气，可以迎来更宽广的人脉。

李文娟是一家公司的设计员，不过，她对自己的工作特别不满意，在她眼里，其他同事都工作得很轻松，只有自己怀才不遇，做了最辛苦的工作却得不到相应的报酬。在公司当中，有一个与她一同进公司的叫刘雯的人更是令她烦感，甚至恨之入骨。

因为她们两人是同时进入公司的，无论考核还是才能都不相上下，但是，李文娟却发现，即使自己有多好的创意和多独到的见解，她都得不到领导的赏识，相反，刘雯随便提一个建议，就能让领导采纳。

所以，李文娟认为是刘雯影响了自己在公司的发展，把刘雯视为眼中钉肉中刺，每次只要一见刘雯，她就气不打一处来。

一天，刘雯的一个见解又得到了领导的赞赏，李文娟终于忍无可忍了，她怒气冲冲地跑到刘雯面前说："都是因为你，为什么你总是这么打压我。要不是因为你，我肯定会得到领导的重视，步步高升。可是就是因为你，我才没有施展才华的机会。"

面对李文娟突如其来的攻击，刘雯显得有些不知所措。但是她强忍住心中的怒火，心平气和地说："我不知道你为什么这么说，我扪心自问，从没有做过任何对不起你的事呀。如果我真的有什么地方做错了，请你说出来，我向你道歉。"

李文娟本来已经打算好与刘雯打个你死我活了，像这种无理取闹的挑衅，换谁都会勃然大怒的。刘雯的诚恳态度，的确出乎李文娟的意料，让她也不知所措起来，不知道接下来该怎么收场。

其他的同事看在眼里，都劝李文娟，有的人甚至还批评她的无礼。

让李文娟更为感动的事，在自己被众人指责成为众矢之的时候，刘雯并没有落井下石，而是对其他的同事解释说："没有关系的，是李文娟最近的压力太大了，有些事情是我做得不够到位，不能全怪她。"

这下，刘雯不仅把李文娟的怒火给彻底浇灭了，还赢得了其他同事的赞叹。李文娟对刘雯产生了莫名的钦佩，用感激的眼神看了刘雯一眼，从此她摆正自己的心态，与刘雯冰释前嫌成为好朋友，二人被公司誉为"黄金搭档"。

自古以来，"君子之交淡若水，小人之交甘若醴。君子淡以亲，小
人甘以绝"。真正的友谊是可以经受住考验的，朋友之间不会计较得
失，会为彼此付出。当然，有些时候，哪怕是对手，只要拥有了宽容之
心，也会成为朋友。

蔺相如，战国时期赵国的大臣。他在两次出使中，以聪明机智的应对保
全赵国面子，受到赵国惠文王的器重，拜他为上卿。

赵国大将廉颇对蔺相如被封为上卿一直心怀不满，他认为自己作为赵国
的大将，一直出生入死，攻城守城，扩大疆土，没有功劳也有苦劳呀！怎么
比他地位低下许多的蔺相如就凭着耍耍嘴皮子就身居高位了呢？对此，廉颇
气愤不已，他下定决心，一定要给蔺相如点颜色看看。

廉颇的这种想法被蔺相如的门客知道，迅速通报了蔺相如，但蔺相如只
是微微一笑，说："我知道了。"从那天开始，蔺相如为了不使廉颇在临朝时
位列自己之下，所以总称病不上朝。

一天，蔺相如带着门客坐车出门，远远看见廉颇的车马迎面而来。蔺相
如立即下令退到小巷里去，让廉颇的车马先过去。这件事引起了蔺相如门客
的不满，大家纷纷说："难道您怕他吗？不上朝已经让着他了，现在又让他
的马车！"

蔺相如对门客们解释说："面对强大的秦王，我都敢当庭呵斥，羞辱他
的群臣，我还会怕廉颇吗？秦国之所以不敢来侵犯赵国，就是因为有我和廉
将军。如果我们两人不和，秦国知道了，就会趁机来侵犯赵国，因此，我还
不如忍让点儿呢！"

蔺相如的话传到了廉颇的耳朵里，他为自己的想法和做法感到惭愧

不已，于是赤裸着上身，背着荆条，到蔺相如的家里去请罪。蔺相如见到廉颇，连忙扶起他，说："我们同为赵国的大臣，将军能体谅我，我已经万分感激了，怎么还来给我赔礼呢。"这便是历史上著名的"负荆请罪"的故事。

从此那以后，廉颇与蔺相如一文一武结为刎颈之交，生死与共。

在生活中，我们难免与他人发生摩擦，如果这时你不让我，我不让你，会使矛盾进一步激化，后果将不堪设想。这种"让"不是懦弱，而一种品格。当他人伤害自己时，我们不妨包容一下，或许它能帮我们解决矛盾，化干戈为玉帛。

罗兰曾说过："宽恕可以交友。"如果有人不理解你，不妨以一颗宽容之心去包容，他哪怕是千年寒冰也会体会到你的真诚；如果你们是朋友，那更应该包容朋友的所有过失和错误，朋友之间计较太多，友谊便会变薄了。

一个人，忍住一争高下的心，表面上看仿佛是受了折辱，然而人生中受得半辱才有福。真是这样的半辱，才有了化敌为友的半福。

容忍兮，归来

著名国学大师季羡林先生曾在一篇名为《容忍》的文章中这样写道："现在我们中国人的容忍水平，看了真让人气短。在公共汽车上，挤挤碰碰是常见的现象。如果碰了或者踩了别人，连忙说一声'对不起'就能够化干戈为玉帛，然而有不少人连'对不起'都不会说了。于是就相吵相骂，甚至于扭打，甚至打得头破血流。我们这个伟大的民族怎么竟变成了这个样子！我在自己心中暗暗祝愿'容忍兮，归来'。"

这个世界原本就是好坏各占一半，遇到无法逾越的坏事时，暂且示弱，静心等待生命中另一半好事的来临，若非要争个鱼死网破，只怕难以守得云开见月明。

当你与人争论时，认错并不是真的错了，而是缓兵之计，不是原则问题的话，就不要与人争个高下，即使是原则问题，暂时地退步是为了更好地攻击。试想一下，如果你想高高跳起的话，一定会先屈膝，然后再借力向上跳起。一样的道理，我们暂时地示弱并不是真的让步，而是一种策略，暂时地忍辱是为了未来的站起。

越王勾践战败后，身为一国之君的他甘愿为吴王夫差养马，甚至亲口尝过吴王的粪便，也正是因此，让他终于蒙蔽了吴王，免遭杀身之祸。

如果单从王者的角度来看，勾践似乎失去了本该拥有的尊严和风范，但他却是为了更大的威严苟活着。之后，历经十多年的秣马厉兵，他终于一举灭吴，杀死夫差，以雪当年之耻。

三国时期的司马懿在面临诸葛亮六出祁山激其出战的情况下，却一忍再忍，久不出兵。诸葛亮甚至派人给他送来一件女人的衣服，说他再不迎战，就穿上这件女人的衣服，以后不要再以男子汉自居了。

对于诸葛亮此举，司马懿的部下都看不过去，他们觉得自己的主子受到了奇耻大辱。可是司马懿却坚守不战。因为司马懿很清楚，自己的韬略不如诸葛亮，如果此时迎战，势必败北。拖到后来，诸葛亮终于积劳成疾而死，司马懿却不战而胜。

似越王、司马懿一样的人在历史上数不胜数，再比如困在夏台的成汤，囚于羑里的文王，还有刘邦、苏秦、韩信，等等，他们的暂时示弱使自己获得了转机，因为一个"忍"的示弱而终成大业。

当然，我们不是将相诸侯或者有为之士，那么作为一个普通人，更应该懂得示弱。一个有才能、有实力的人会有锐气，他们不喜欢示弱，想要成为众人瞩目的焦点，因此，他们招来了是是非非。太过高调的人就像一把没有剑鞘的剑，当他们锋芒毕露的时候，就已经注定了被人冷落的结局。而那些懂得示弱的人就不同了，他们看似默默无闻，却在暗暗积攒能量，不显山不露水，不争功不抢镜，却在关键时刻崭露光芒，不仅躲过了平日的危险，还会博来喝彩之声。

分析一下人的心理吧，谁会对一个弱者再施加压力呢？于是，弱者便可以藏锋于内，伺机出剑，这种示弱便是为最后的胜利在积蓄力量。

古代，苏州城里有一个开当铺的老者，姓孙。孙老板是个擅长经营之道的生意人，所以他的当铺生意好得很。

有一天，孙老板正在账房拨算盘，忽然听到前厅吵吵闹闹的。他出来一看，原来是住在附近的一个邻居正和自己的伙计纠缠不清。

见老板来了，小伙计忙愤愤不平地说："前些天，他将衣物押了钱，现在却空手来取，我不给他，他还对我破口大骂。您说，有这样不讲理的人吗？"

孙老板看了一眼那位邻居，只见他正气势汹汹地坐在当铺门口，有要赖到底的架势。见此情景，孙老板丝毫没有动怒，而是很平静地跟那个邻居说："我明白你的意图，你不过是为了度过年关。这样的小事，至于争得这样面红耳赤吗？"说着，他便命令伙计找出这位邻居的几件典当过的衣物。孙老板拿出其中一间厚的衣服说："天冷，这件衣服需要用来御寒，少不得。"然后他又拿出一件外袍说："这件拜年时穿得着，也一并给你。其他的东西不急用，先留在这里，什么时候你有钱了什么时候再来取就行。"

孙老板刚刚说完，只见那位邻居拿起衣服，不好意思再闹，便离开了。

让所有人没有想到的是，第二天街上便传出来那个邻居死在别人家中的消息。原来，他跟别人赌博输了很多，欠人家一屁股债，没法活了。可他想自己死后妻儿无依无靠，于是他就想出来这么一个损招，想敲诈一笔安家费。自己先服下了毒药，然后去有钱人家寻衅滋事。

他知道孙老板是有钱人，便先去了他家，结果没想到孙老板以圆融的手法化解了，让他没能得逞。他不甘心，便跑到另外一户有钱人家那里。结果那家人没能像孙老板一样和善地对他，而是对他痛打一顿。穷汉正好借此倒地，再加上毒药发作，最后一命呜呼。而这家人也只好自认倒霉，出面为他发落了丧葬事宜，还赔了一笔钱。

后来，有人问孙老板，是因为事先知道穷汉的预谋而容忍他的吗？孙老板回答说："凡是无理挑衅的人，一定有所倚仗。如果在小事上不能容忍，那么灾祸就会立刻到来。"

这个故事不得不让我们为孙老板感到庆幸。可我们再细细琢磨，他的幸运不正是靠自己的无限容忍所得来的吗？如果当时孙老板不向穷人低头，与他针锋相对的话，那后果真是不堪设想呀！

　　有人说，无论你将自卑者抬多高，他也是自卑的。因此，示弱与懦弱是需要人从心里就区分开的。很多人以为示弱就是懦弱，那是因为他的心中住着一个懦弱的种子，示弱只是一种暂时的隐忍，也是一种以退为进的攻略。

　　示弱是一种大智。看那些草莽野夫、市井小人，他们从来不示弱，以为示弱就是服软，这样就会被人瞧不起，因此，他们梗着脖子做人，结果落得一"穷横"的名声。而那些懂得示弱的人，让人看到或者听到的是他的"弱"，可体会到的是他的"强"。人处于社会中，谁也不能保证自己总处于上风，因此，暂时的示弱，积蓄力量是一种很不错的策略，懂得示弱的人才可能成为真正的强者。

　　人生中本就好坏荣辱各占一半，学会对坏的一半适当示弱，才能等来好的一半；学会承受折辱的一半，才能换来荣耀的一半。

将心收住，感受慢的节奏

忍耐是一种风格，更是一种风度。初学象棋的人总是想着与别人较量，就是观人下棋时也总想着指挥几下，被人教训："观棋不语真君子！"不过，这些人很少去仔细思考这"真君子"的含义，还是叫嚣着以"棋王"自赞，胜利时手舞足蹈，一招失利便慌张补救。自然，最终他们会成为极容易打败的"棋王"。

象棋是很容易看出一个人心性的，心浮气躁者往往都是失败一方，而那些手拿茶壶、稳稳当当的人往往都是高手。他们一招走先不会喜形于色，一招失利也不会心慌意乱，人生正是如此，心浮气躁是人活于世最大的敌人。将心收住，安心看待世界风云变化，不浮不躁地处理一切事情，你的修养、气质便显现出来了，慢也是一种智慧。

不浮不躁的人一定有一颗强大的内心。无论是在职场还是在生活中，我们总会遇到让自己感到不满的事情，可是有的人会巧妙地化解这种坏情绪，有的人却由着性子来。不是前者没有脾气，也不是他们懦弱，而是他们的思维方式和处世方式较为理智罢了。

我们每个人都是凡人，在愤怒来临的时候，极容易放纵自己的心，从而产生急躁的情绪。而实际上在每个人的灵魂和肉体里，都蕴藏着一种主宰自我的力量，那就是克制力。很多时候，当你忍不住要着急时，不妨将你的动作慢下来，时间会帮你处理好一切。

刘备历尽艰辛，终于拥有了东西两川和荆州之地，创建了帝业。然而由于关羽的失误，荆州被东吴所夺，关羽也被算计杀害。

刘备听闻，悲愤交加，立刻要起兵伐吴，发誓要为关羽报仇。

赵云劝说道："当今的国贼是曹氏，并非孙权。曹操虽然死了，但曹丕却篡汉自立为帝，神人共怒。陛下应该讨伐曹丕，而不应剑指东吴。倘若一旦与东吴开战，就不容易立刻停止，其他大计就无法实施。还望陛下明察。"

刘备心知这番话的道理，确是审时度势之言。然而，兄弟之情让他的心中已充满了复仇怒火，一心向战，他对赵云说："孙权杀害了我的义弟，还有其他忠良志士。这是切齿之恨，只有食其肉而灭其族，方能消除我心中的仇恨。"

赵云再劝道："曹丕篡汉的仇恨，是大家的仇恨；兄弟之间的仇恨，是私人的仇恨。希望陛下以天下为重。"

刘备甩袖反问："我不为义弟报仇，纵然有万里江山，又有何意？"遂起兵伐吴，欲扫平江东，但最后落得个火烧连营，白帝托孤的下场。

失去兄弟的刘备悲愤交加，已经处于十分急躁的状态，他的内心的愤怒情绪让他失去了理智，因此才会不听赵云的一再相劝，最终连连吃败，落得白帝托孤的下场。但是，如果这时刘备能慢下来，仔细理下思绪，详细设定战略，审时度势地分析目前情况，那么局势肯定能扭转，不会旧仇未雪又赔上性命了。

做事爽快、利落是一个人干练的能力体现，但是一个急躁的人会将所有的功绩付之东流。刘备过于急躁使他败北，相比之下，一代枭雄曹操就不一样了。他面临家人被害的深仇大恨，最终做出的是极理智的判断，将仇恨搁置，是报仇的另一种办法。

曹操平定了青州黄巾军后，声势大振，拥有了一块稳定的领地，于是派人把自己的父亲曹嵩接来，同乐尽孝。

曹嵩带着一家老小40余人途经徐州时，徐州太守陶谦想借此交好曹操，便有意奉上一片好心，亲自出境迎接曹嵩一家，并连续两日大设宴席，热情款待。

礼节到如此地步应算是比较到位了。但陶谦讨好心过重，好心却办了坏事。他派兵士500人护送，可谁知护送的这批人中竟有黄巾余党，当初归顺陶谦只是一时之屈，归顺后也并未得到任何好处，如今看到曹家财宝数车，便起了歹心。兵士一行人半夜杀了曹嵩一家，抢光了所有财产，夺路而逃。

曹操接到报告，咬牙切齿道："陶谦放纵士兵杀死我父，此仇不共戴天！我定要尽起大军，洗劫徐州！"

然而，当曹操率军攻打徐州，报仇雪恨之时，情况发生了变化。陶谦惶恐中向孔融求助，而孔融又找刘备帮忙。刘备向公孙瓒借兵以解徐州之围。在两方对峙的时候，吕布在陈宫的劝说之下偷袭了曹操大营兖州，占领了濮阳。

此边大仇未报，怎料又生其他枝节。曹操虽然复仇心切，但同时又十分冷静地分析，认识到自己处境的严重性："兖州失去了，就等于让我们没有了归路，不可不早作打算。"

于是，曹操便咬牙停止了复仇计划，拔寨退兵，去收复兖州。因此，曹操摆脱了这次危机，保住了自己的地盘和势力。

"君子报仇十年不晚"，面对被杀的一家老小40余人，这种痛苦远远要比刘备失去的一个义弟之痛要深很多，但曹操仍能清醒地察觉危机，冷静地把握事情的发展趋势，也正是因为这种稳定的理智成就了他的一方霸主梦想。一个懂得克制自己急躁内心的人意志力一定是强大的，这种忍耐更是一种蓄势，在"急"的面前"慢"下来，就是一种大智慧。

灾祸本就是人生的一半，面对不幸，控制好自己的急躁情绪，将它控制于内心，不外露，遇事沉得住气，稳得住神，才能使目更明、耳更聪，这才是图谋远虑之人的制胜法宝。拥有容纳得起一半的灾祸的气量，才能赢得来日后的辉煌。

壁虎断尾，虽痛但能保命

人生没有一帆风顺，也不可能总处于平坦的大路上，总会因这样那样的事情将你置于不利局面中。工作总也上不了轨道，生活也总是复杂多变，抑或朋友之间出现了隔阂……各种各样的不利局面该怎么去扭转呢？其实，之所以你会被困于其中，是因为你要求得太多。总是想要得到，而害怕牺牲，结果只会陷入不利的旋涡中无法走出来。

人生有一半的付出才能有一半的收获，牺牲一半才能赢得更多。

围棋的智慧就是这样，如果你着眼于眼前的一小块局面，那么必将失去一大片，特别是处于不利局面时，还在斤斤计较那必将一败到底。同样的道理，壁虎当遇到危险时，常常会自断尾巴，因为尾巴虽然断掉了，但可以迅速逃脱不利局面，生命从而得到保全。虽然暂时要付出一点小代价，忍受一点疼痛，但是可以将不利局面扭转，得到光明的未来，这点代价又算什么呢！

人称"陶朱公"的范蠡不仅学识渊博，而且足智多谋。他的一生可谓是大起大落，总结起来一共有三聚三散。面对这些得到与失去，他无一不是以坦然面对。

春秋时期，他帮助越王打败了吴王，成就了霸业。胜利后，越王封范蠡为上将军。但是，范蠡深知勾践的为人，只可共患难不能共富贵，他现在正处于将要兔死狗烹的境地。于是范蠡放弃自己创下的丰功伟业，交上辞书一封，乘一叶扁舟趁着夜色逃走了，这是"一聚一散"。

范蠡辞去上将军来到了齐国，更名改姓，耕于海畔，他以他过人的商业头脑，没有几年就积产数十万。齐国人仰慕他的贤能，请他做宰相，但是他的名声引来了很多人的忌妒。范蠡感叹道："家里有了千金，做官做到宰相，这是一个普通人的极限了，如果总是名声在外，不祥啊。"于是就归还宰相印，将家财分给乡邻，再次隐去，这就是"二聚二散"。

范蠡又来到了陶地。他看到此地为贸易的要道，可以据此致富。于是，他自称陶朱公，留在此地，继续从事商业经营活动，没用多长时间，就累积万万。后来，范蠡次子因杀人而被囚禁在楚国。

范蠡为了搭救自己的儿子，就派三儿子前去探视，并带上一牛车的黄金。可是长子坚持要替少子去，并以自杀相威胁。没办法，范蠡只好同意。到了楚国以后，由于长子办事不力，使范蠡的次子死在了狱中。当范蠡一家得知死讯后，无不悲痛万分，唯有范蠡独笑说："我早就知道次子会被杀，不是长子不爱弟弟，是有所不能忍也！他从小与我在一起，知道生存的艰辛，所以不忍舍弃钱财。而少子生在家道富裕之时，不知财富来之不易，很易弃财。我先前决定派少子去，就是因为他能舍弃钱财，而长子不能。次子死在了楚国也是情理中的事，无足悲哀。"这就是"三聚三散"。

范蠡是一个很懂得放弃的人，就我们这些普通人而言，他放弃的可能不是小代价，上将军、宰相、万贯家财……但是，相对于生命而言，这些身外之物可以说是微乎其微了。正因他牺牲了自己的这些身外之物，才得以扭转当时极不利的局面。当你处于不利局面时，如果你抓得越紧，便会陷得越深。

忍得住那些牺牲小代价的疼，才不会付出更大的代价。

张良是汉朝人，他的祖父、父亲都曾当过韩国的相国。秦国灭了韩国以后，张良变卖了自己的所有家产，用来收买刺客，为韩国报仇。结果行刺失败，张良不得不改名换姓，逃亡到下邳。

张良由于国破家亡，整日抑郁难以舒展，于是经常到附近散散步。有一天，他闲逛漫步，走到一座桥上，迎面走来一个穿布短衣的老者。张良谦虚有礼，侧身让老者先过。没想到老者走到张良跟前时，竟然将自己的鞋子丢到桥下，还喝令张良："小子，去把我的鞋取上来。"

张良很是气愤，正想转头就走，又一想，看在老者年纪很大的分上，就做一次好事，走到桥下把鞋子捡了上来。张良正要把鞋递给老者，老者却说："既然捡上来了，就给我穿上吧。"张良听了更加气愤，可是转念一想，好人做到底吧，于是，他就跪着替老者将鞋穿好了。

老者穿上了鞋，笑了笑，抬腿就走了。可是还没走多远，他又拐了回来，对张良说："孺子可教也，5天后的早上，还在这里会面。"

张良心中感觉莫名其妙，但也没有多想，就满口答应了。5天后，天刚刚亮，张良来到桥上，没想到老者来得比他还早。见到张良，老者生气地指责他："和长者相约，你怎么能迟到呢。5天后，早点过来。"

又过了5天，张良就前往赴约，这次他来得比上次早多了，可等他赶到桥上时，老者又站在桥上等他。老者生气地说："你的架子好大啊，又迟到了，过5天再来。"

5天后张良半夜就出发了，终于赶在老者的前面到了桥上。老者来了以后显得很高兴，笑眯眯地说："这次没有失约，这样才能够成大事呢。"说完，老者送给张良一本书，让他回去苦读10年。

这本书就是兵家奇书《太公兵法》。此后，张良苦读这部兵书，终于成为了一代杰出的军事家，成为刘邦的重要谋士，为汉室江山立下了汗马功劳。

张良处于国破家亡的抑郁之中时，他放下了身段，以牺牲所谓的尊严作为代价，换来了《太公兵法》这本奇书，也正因此，他才会得刘邦重用。可以说张良是一位忍让的高手，更是一位懂得牺牲的人。当一个人可以从心底接受牺牲时，他便已经为未来的成功积攒力量了。

当你处于不利局面时，那就要舍得放弃，千万不要因一时之快而丢掉机会。人际交往中，你可能会苦恼为什么一直处于被动的局面，其实，此时你只需要忍一忍、让一让，放弃一些小利益，你可能便会扭转局势，占据主动地位。

懂得付出一半的牺牲，才能成为人生的赢家，这就是人生中"半"的智慧。

忍住追求完美的心，不被得失所牵

俄国哲学家车尔尼雪夫斯基说："既然太阳上也有黑点，人世间的事情就更不可能没有缺陷。"人生不如意之事十有八九，事事都有缺憾，人人都有缺点。在生活中，如果我们一味地苛求完美、计较得失，只会让自己心情浮躁、多疑猜忌，体味到更多的失望与痛苦。

当月亮把明亮的一半对准地球时，总还有黑暗的一半藏在身后；当向日葵把脸朝向光明的一半时，总还有一半的阴影背负在身。完美的"一"并不总是存在的，对待生活，就要懂得"半"的智慧。

世界上没有十全十美，忍住追求完美的心，不因外界的变化而波动，也就不会患得患失、斤斤计较。忍住追求完美的心，就是保持一颗平常心，这是一种人生境界，它可以让你看淡周围的一切，不再为功名利禄而苦苦追逐，也不再为喜怒哀乐而左右。《岳阳楼记》中有这样一句话："不以物喜，不以己悲。"这是范仲淹超然物外的一种人生感悟。

聪明的猎人为了捕捉到伶俐的猴子，专门研制了一套独特的方法：在猴子经常玩耍的岩石上开凿一个小小的洞口，洞口的大小足以让猴子能把爪子伸进去，然后在里面放入花生米。当贪吃的猴子把爪子伸到洞里抓起花生米后，由于洞口较小，猴子又不懂得丢下手中的花生米，这样，猴子的手臂就卡在洞中了。如此，抓住猴子就轻而易举了。

猴子没有人类的智慧，自然不懂得放下手中的花生米就能逃脱猎人的捕捉的道理。现实生活中，我们千万不要做那只不懂得放手的猴子。其实，人的一生中，有许多需要取舍的时刻，每当此时，只要能够看淡得失，就不会被外界困累，这样你的大脑才会处于清醒的状态，对事情做出正确的判断，选择属于你的正确方向。

苏东坡在《观棋》诗中说："胜固欣然，败亦可喜。"这是他对胜败的看淡。孟子云："鱼，我所欲也；熊掌，亦我所欲也。二者不可得兼，舍鱼而取熊掌者也。生，亦我所欲也；义，亦我所欲也。二者不可得兼，舍生而取义者也。"这是孟子对得失的看淡。一颗博大的胸怀会让你看淡周围的一切。当你对得失淡然的时候，你的人生也会变得有趣起来。

相传早在 20 世纪 50 年代初的时候，于右任的书法作品就已经家喻户晓了。当时，一些饭店、公司为了拉拢顾客，便在自家门口挂上"于右任题写"的招牌，以此彰显自己的高品位。当然，这些招牌并非都是于右任先生亲自题写，大多数都是仿造的。

有一次，于右任的徒弟去一家餐馆吃饭，发现餐馆的招牌乃仿造的于右任先生的真迹，便将这件事告诉了师父，并且气愤地说道："老师，这家餐馆竟然明目张胆地挂起了以您的名义题写的招牌。如果字写得好也就罢了，真是惨不忍睹啊，这简直就是在毁您老的名声啊！"

听到徒弟的汇报，于右任知道这件事一定要正确对待，便问道："这家餐馆的特色是什么，叫什么名字呢？"

徒弟回答说："这家餐馆的炸酱面做得不错，属于北京传统小吃，店铺的名字叫'北京炸酱面。'"

于右任点了点头，若有所思地沉默了一会儿。

徒弟见师父没有行动的意思，急切地说道："我现在就去把那家餐馆的招牌给拆了！"说完，转身要向外走。

于右任见状，忙道："等一下。"然后直奔书房，从书案上拿起一张宣纸，顺手在上面写了几个大字，交给徒弟说道，"你把这个交给饭店的老板。"

徒弟打开宣纸，看着上面的大字不禁目瞪口呆，只见宣纸上书"北京炸酱面"五个大字。见徒弟不解，于右任微笑着说道："餐馆以我的字做招牌，说明我的字还是很有影响力的，可是如你所说他们仿造的字太差劲了，要是让不明真相的人看到了还以为我的字就是如此呢，咱可不能坏了自己的名声！"

徒弟听完老师的一番话，被老师博大的胸襟所震撼，马上拿着老师的真迹去了餐馆。这家餐馆得到了于右任的真迹，马上将餐馆的招牌换成了书法家的真迹。众人无不被这位伟大书法家的博大胸襟所震撼。

在股票市场上有这样一句话："习惯做短线，被套了改做中线，深度被套就只能被动地做长线。"这是对输赢的一种看淡，适时地改变自己的心态，适应一切变化这也是一种平常心。中国羽毛球健将林丹在败给老对手陶菲克的时候说过，比赛就有输赢，亚运会输了，但是这只是奥运会前的中间站。不错，比赛总有输赢，只有懂得享受的人才是真正的赢家。一时的失败，只代表过去，并不能说明你永远都比别人差，只要敢于正视困难，敢于放手拼搏，就能赢得属于自己的胜利。

人生在世，做任何事都是如此，只有保持一颗平常心，看淡得失，看淡名利，看淡输赢，你的心胸才会豁达起来。平平淡淡才是原汁原味的生活，才是富有品位和情趣的生活。能够守着一颗平常心的人，无论他的生活条件如何，无论他是做什么工作的，他都能够在普通或者不普通的生活、工作中，营造良好的精神家园，懂得生活情趣，感受着生活的美好。

　　既然完美的人生是不存在的，那么，就珍惜一半的美好，足矣。

第三章
先思果，想得半果才知因

> 现实生活是很残酷的，只有会方圆处世的人才能取得最后的胜利，
> 因为他们不会逞一时之强，而是事先考虑到事情的结果。

一条项链，十年青春

　　世间有太多复杂的事儿，人心也有太多复杂的感情，但是，无论是什么事，还是什么感情，都有一个因果关系。因为你对人宽容，所以别人也会谅解你的错误；因为你为人和善，所以你的世界也充满温馨；因为你的努力，所以才会不断出现奇迹……虽然我们不能迷信地相信因果轮回之说，但一定要相信因果在人际关系中是的确存在的；虽然我们觉得"做事要有目的"不太高尚，但是做事先思果是很重要的，因为想得半果之后做起事儿来才会顺利。

　　就像很多人，常常照顾着自己的面子，而为了面子而丢了最终目的，"死要面子活受罪"。活着，就要有一个奋斗目标，为了自己的目标而努力是光彩的，但是为了面子而丢了目标那就得不偿失了。

一位农夫带着他的小儿子，赶着一头驴到邻村的集市上去卖，用来贴补家用。

没走多远，就看见不远处有三五个女孩聚在一起，对他们指指点点。一个姑娘大声说："嘿，快瞧，还有这样的傻瓜，有驴子不骑，宁愿自己走路。"农夫听到这话，立刻让儿子骑上驴，自己高兴地在后面跟着走。

不久，他们又遇见一群老人。只见这些人正在激烈地争执："喏，你们看见了吗，如今的老人真是可怜，让懒惰的孩子骑着驴，自己都这把岁数了，却在地上走。"农夫听见这话，连忙叫儿子下来，自己骑上去。

走了一半的路程时，路边有一群妇女和孩子，七嘴八舌地对他们喊着："嘿，你这个狠心的老家伙！怎么能自己骑着驴，让可怜的孩子跟着走呢?"农夫闻声，赶紧叫儿子上来，和他一同骑在驴的背上。

快到市场时，一个城里人对身边的人说道："哟，瞧这驴多惨啊，竟然驮着两个人，真怀疑这是不是他们自己的驴。"另一个人插嘴说："哦，谁能想到他们这么骑驴啊！依我看，不如两个人驮着驴子走。"农夫和儿子又急忙跳下来，用绳子捆上驴的四条腿，找了一根棍子把驴抬了起来。

就这样几经更换，这对父子卖力地抬着驴走向集市，在通过闹市入口的小桥时，又引起了桥头上一群人的哄笑。驴子受了惊吓，挣脱了捆绑撒腿就跑，不想却失足落入了河中。

农夫最终又恼怒又羞愧地空手而归。

农夫赶着驴子出门的目的是为了卖掉驴而贴补家用，但是在送驴去集市的过程中却为了自己的面子而忘记了本意，结果不仅在路上折腾更换几次，还赔上了一头驴。为了尊严而拒绝某些过分的要求很正确，但是为了面子而丢掉自己本意就得不偿失了。

虽然每个人都有一颗要保护面子的心，但是，如果太爱面子就成了虚荣了。虚荣是一种虚假方式来保护自尊的心理状态，这种心理状态使人只在乎外表、学识、财产或成就，而为了它们可以不择手段，弄得自己心神疲惫却达不到最终目的。

网络上有一个词用来形容"面子"的问题很好，这个词就是"浮云"，为了"浮云"而迷失自己的本性，为了"浮云"而丢掉自己的原则，为了"浮云"而让自己身陷困苦，你觉得值得吗？人活在这个世间，为了自己的未来，为了家庭的幸福，为了父母安享晚年，为了孩子健康成长等而付出都是值得的，但是为了自己的"脸面"而弄得自己狼狈不堪那就不值得了。

我们都读过莫泊桑的著名短篇小说《项链》，主人公为了短暂的面子而赔进了十年的时间，值得吗？"面子"能给我们什么呢？除了负累之外没有其他的。其实，我们可以轻松地生活，我们将为了"面子"买名牌衣服的钱省下来改善自己的生活，我们将为了"面子"而与同事吃吃喝喝的钱存下来孝敬父母，我们将为了"面子"而说的谎言纠正过来真实地生活，这一切该多么有意义呢！

"面子"可能使你飘飘然，但是之后呢？你仍然要回到原点，回到你的生活当中去，打肿脸充胖子除了落得自己疼痛之外什么也得不到，最后只能"哑巴吃黄连"，还被人背地里当成"死要面子活受罪"的傻子。

我们不能未卜先知地预知事情的结果，但是却必须先去思考可能承担的后果，想通一半的后果再去做事，才能事半功倍，而若是只冲着当前的"面子"，就只能够活受罪。

"面子"不能使我们生活得更好，也不能助我们实现理想，更不能让人生变得更有价值，所以何必给自己平白增加负累呢？当你为了"面子"而心力交瘁时，不妨想一下，今天的付出会为你迎来怎么样的未来？如果想到这些，也许你就不会为了面子而活受罪了！

奋斗成就强者

谋事在人，成事在天。怀了同样的目标，总是只有一半人成功，另有一半人失败。造成成败的原因有很多，而很重要的一条就是欲速则不达。

任何人都为了自己的理想而努力奋斗着，有了一个目标，生活才有奔头儿，有了一个目标日子才有意义。但是，如果为了目标而心浮气躁，就会揠苗助长，欲速则不达了。没有一种成功是一蹴而就的，可能有一夜爆红的明星，但他们星光耀眼的背后也是一步一个脚印的。"台上一分钟"的辉煌需要的是"台下十年功"。

历史的经验告诉我们，任何一位强者都有一段奋斗的历史，哪怕是等待。楚庄王昏隐三年，越王勾践忍辱也三年，他们的等待是为了最终的崛起，虽然每一个低沉苦闷的奋斗日子很难熬，但是只有经历了"茧"的酝酿才能有"蝶"的美丽。

成名之前，石悦是一个再普通不过的人：出生在平凡百姓家，性格偏内向；从上学以后成绩一直都是不好也不坏，没有任何特长，一直被老师、同学视为资质平庸、未来平平的男孩儿。

石悦唯一与众不同的，就是对历史的痴迷。还在上小学时，当别的男孩子整天拿着变形金刚、仿真手枪玩得不亦乐乎的时候，石悦却对历史故事册情有独钟。一套《上下五千年》是他童年、少年时形影相随的"好伙伴"。进入大学，许多同学谈恋爱、玩网游，而石悦仍然将自己的课余时间全都交给了史书。只要一有空，他就会一头扎进图书馆，如饥似渴地阅读着一本又一本厚厚的历史丛书。

大学毕业后，石悦考取了公务员。他从来不会像办公室的其他同事那样，一张报纸一杯茶地消磨着漫长的时光，他依旧躲进史书中与各朝各代的人物交友为伴。石悦成了众人眼中的另类，甚至被大家认为有点孤僻。

在实际生活中，他不抽烟、不喝酒、不打麻将、不泡吧，也不爱交朋友，一点都不像"80后"的年轻人；下班后，基本上没有任何休闲活动与社交应酬，常常将自己关在狭小的房间里，独自沉浸在那些刀光剑影、富贵浮云的往事中，或者奋笔疾书地记录着一些有趣的故事。

直至有一天，一个题目叫《明朝那些事儿》的小说帖，在天涯论坛、新浪网站风起云涌，深受网友追捧，每月的阅读点击率超过百万。当很多出版商赶赴石悦的单位争相要和他签订出版合约时，大家方才发觉这个平时毫不起眼、有点木讷内向的青年就是目前网络中鼎鼎大名的当红作者"当年明月"。

后来，有媒体记者向石悦讨取成功经验时，他调侃地说道："比我有才华的人，没有我努力；比我努力的人，没有我有才华；既比我有才华、又比我努力的人，没有我能熬！"

石悦的调侃让我们认识了一个字——"熬"，这个"熬"不是喝着茶看着报纸来混日子，而是一个积淀，积攒力量，沉淀心灵，因此，他完成了红透网络的历史小说《明朝那些事儿》。如果没有"熬"的过程，只想着成功，只想着出名，那我们也就不能看到这部令人震惊的小说了。

石悦"熬"出了《明朝那些事儿》，你从中明白了什么呢？"熬"不是单纯的"混"，而是一个心灵洗涤的过程，将自己的心沉淀下来，功到自然也就成了，过分急躁只能适得其反。以"急于求成"的心态去做事，往往会事与愿违。虽然大多数人知道这个道理，但还有不少人总是难以戒除浮躁的心态。

人生无论输赢，都是急不来的。做事若急于求成，就会像饥饿的人乍看到食物一样，狼吞虎咽地吞食，反而会引起消化不良。以"急于求成"的心态去做事，是永远不会获得想要的效果的，只有脚踏实地做事才能获得最终的成功。虽然"急"的目的是为了最终的目标，但是"急"这种方法却错了。

很久以前，有一个外国商人，常常来往于中国和外国之间，用马车将货物在两地之间交换，赚取差额。这种生意很好了，这天，他带去欧洲的一马车的货物很快销完后，马上又将欧洲的货物装上车，准备运回中国。

第二天，他早早起来，赶了马车准备出发。当店主从马棚牵出马时，发现他的马的右后脚的铁掌上少了一颗钉子，于是店主对商人说："您能晚一会儿吗？您的马的右后脚少了一颗钉子，我们今天给您找钉掌师傅。如果这样上路极有可能耽误您的大事儿！"

商人摆了摆手说："不就少颗钉子吗！少就少吧，耽误一天我得少赚多少钱呀！"

于是，商人赶着车上路了。

当他留宿于小镇时，小镇的店员又提醒他，他还是拒绝了，因为他的确很着急赶路。

第三天，他的马走了一段路后，突然一瘸一拐起来，这时，一个牧马人对他说："让马养好脚再走吧，否则马会走得更慢的。"商人说："不就有点瘸吗，再坚持一下，没事儿。"

下午时，马走路更跌跌撞撞了，一个过路人劝他让马养好腿再继续赶路，可他说："养好腿得多长时间？再有四天我就要到中国了，别耽误我的生意。"

又走了两天，马终于倒下了，一步也走不了了，商人只好守在马和车子边儿，等待过路的人来帮助他。他等了一天的时间终于有一个路过的骆队，这才继续上路，但是，他最终不但没有早到中国，反而比预计的时间晚了三四天。

商人希望用最短时间到达中国，去赢取更多的利益，但是，他却过于急躁，最终事与愿违。他急得连一颗马掌的小钉子都不修理，过分地追求快速，反而比预期更晚了。人生也是如此，要想获得成功，就要丢掉浮躁，一步一个脚印，踏踏实实地做事，因为成功是急不来的。一个过分追求效率和速度的人，常常就会输在效率和速度上面。一镢头挖不成一眼井，一口气也吃不成个胖子，无数的生活经验告诉我们：欲速则不达，过分追究只能与成功背道而驰。

小时候，你观察过知了脱壳吗？小知了蛹从土里钻出来，它的背部先裂开，然后才一步步将壳脱下来，如果此时你过于着急，伸手帮它一把的话，它就会永远也飞不起来了，甚至很快死掉了。瓜熟蒂落，水到渠成，这是大自然告诉我们的道理，以"急于求成"的心态去做事，只能与最终的目标背道而驰。

人生因果相同，只有提前考虑好半果，才知因由，才能推出成功的法门。

功到自然成，不要怕现在的苦闷，也不要怕过程的烦琐，因为现在的酝酿都是在为最后的成功做准备。只要沉心静气地"厚积"，终能等到"薄发"的一天。

如果你有一把利刃，请在必要时再用

人生一世，真正发达的好时机不过一半，若抓住这一半的时机，成功便事半功倍，否则，便是虚耗精力。

桌游"三国杀"中有一张牌叫"诸葛连弩"，拥有之后便可以连续出"杀"，但如果在没有很多张"杀"牌在手之前，一定要将"诸葛连弩"藏好，不能逞一时之勇直接佩戴，因为提早佩戴的话，你的虎符就会成为众人摘取的目标，你也会成为众矢之的。古语说："君子藏器于身，待时而动。"意思是说，要是你有一把利刃在手，那要等待合适的时候再使用，而且用就要达到自己的目的，不能逞一时之勇而暴露了自己。

懂得藏锋的人才是最终的成大事者。在做一件事之前，一定要考虑清自己的行为将带来的后果，此时出锋结果会如何，此时出锋有没有必要。在社会中，很多人都喜欢表现自己，成为"英雄"、"强者"就是他们逞强的最好借口，但是，他们的这种锋芒毕露往往招来的是忌妒、陷害等，与自己想要达到的效果总是背道而驰。

曾经有这样一把宝剑，它由著名的铸剑师用上好金属打造，剑刃锋利，剑体泛着清冷的寒光。靠近的人都会被这剑气吸引，夸赞一声："好剑！"

铸剑师对它爱不释手，给它做了上好的剑鞘，当他想要给宝剑套上剑鞘时，宝剑抗议说："难道我不应该让所有人欣赏我的锐利，怎么能套上剑鞘呢？"

铸剑师劝了很久，宝剑说什么也不肯乖乖套上剑鞘，铸剑师没办法，只好将它悬挂在正厅的墙壁上供人观看。没多久，这把坚决不用剑鞘保护的宝剑光芒尽失，浑身都是锈，再也没人夸奖。

这把剑在最初的确是一把"好剑"，但是，当它得意于自己的精纯锋利，总想着向别人展现自己，为了这一时的光彩却让自己光芒尽失，谁还能说它是把宝剑呢？其实，这把剑如果藏于剑鞘之中，等待时机，遇到可用时机时使脱鞘而出，它一定会成为一把惊人的宝剑的。

像这把剑一样，很多人总想要表现自己，向别人展示自己的能力。但是，假如你刚学了怎么走路，就开始小跑，那一定会摔得很惨。工作中，很多人喜欢"挺身而出"，在老板急需的时刻帮上一把当然会被老板重用，但是，如果"挺身而出"就要有"出"的实力。俗话说："没有金刚钻儿，别揽瓷器活儿。"这些实力是靠平时一点一滴积累而出的，而那些喜欢"挺身而出"的人往往就没有平时的积累。本打算好好表现，却碰了一鼻子灰就是这些人的下场了。

东汉末年的杨修是个文学家，才思敏捷，博闻强识，是"一代奸雄"曹操的谋士，官居主簿，典领文书，办理事务。但他有一大弱点，就是逞能卖弄，肆意妄为，结果数犯曹操之忌，招来了杀身之祸。

曹操欲建造花园，动工前审阅设计图纸时，他在园门上写了一个"活"字。曹操本是有意和工匠们逗智，而杨修却自作聪明地揭破谜底，还四处张扬说："这是'阔'意，丞相嫌园门设计得太大了。"曹操得知后，表面上称赞杨修，但心里却对他的逞能充满忌恨。

为了考考周围文臣武将的才智，曹操将塞北送来的一盒奶酪盒上竖写了"一合酥"3个字。杨修把曹操的"一合酥"给大臣们分吃了，还从容地回答："盒上明明写着'一人一口酥'，我等岂敢违丞相之命乎？"曹操更暗暗厌烦杨修了。

曹操生性多疑，生怕周围的人夜里暗杀自己，便常对身边的人说自己有"梦中杀人"症，凡是自己睡觉的时候千万不要靠近。这话说了没多久，一天夜里曹操还真杀了一名为他掩被的侍者。之后曹操佯装睡梦初醒，先是震惊，后又哭着厚葬了这位侍者。这一切，杨修都看在眼里，说："丞相非在梦中，君乃在梦中耳！"就这样，苦心导演的一出戏，被杨修戳破了，曹操大为恼火。

一次，曹操领兵与蜀军交战，连吃败仗。进攻，可军事要害处已被蜀军重兵据守；后撤，又怕蜀军嘲讽，动摇军心。吃晚饭时，曹操发现碗中有鸡肋，一时有感于怀，随口说道："鸡肋！鸡肋！"士兵们都不知道是什么意思，只有杨修开始马上收拾行李，命令兵士收拾行装，并说，"鸡肋者，食之无味，弃之可惜。魏王今进不能胜，退恐人笑，在此无益，不如早归。"

一直以来，曹操就恨杨修恃才放旷、锋芒毕露，今见杨修又猜透了自己的心事，妄自逞能，实在是忍无可忍，恼羞成怒，就借"扰乱军心"为由，将杨修诛杀了。

因杀杨修，曹操背了千载"嫉贤妒能"的恶名，但是当我们在怪曹操忌妒心太重的时候，是不是应该想一想杨修真正的死因是他逞能卖弄，过于锋芒毕露呢？杨修的确很聪明，但他却过于地恃才傲物，逞能冲动。对时为一人之下万人之上、称霸一方的曹操而言，威严很重要，而杨修却总是点破曹操心思，在群臣面前显示其过人才能，被杀可谓咎由自取了。

锋芒毕露可暂时得到别人的赞许和羡慕，却也为自己埋下了危险的种子，难免会遭到各种明枪暗箭的攻击，是为自己在掘坟墓。这正印证了"木秀于林，风必摧之。堆出于岸，流必湍之。行高于人，众必非之"的道理。

人要做成事，便要先想好此行为的后果，想过半果，再由果到因，才不会断送前程。

在如此激烈的社会竞争中，真正的智者不逞能、不显摆，即使很有能力，也很能干，他们也总是要求自己不要过分出头，为人低调，这种大智若愚、韬光养晦才是人生最高境界。武装好自己，等到时机成熟时伺机而动才走向成功。

瘸子面前不说腿短，东施面前不言面丑

话语是把双刃剑，一半带来成功，一半招来毁灭。重要的是，在这两半之间寻找平衡。

狄摩西尼曾说："一条船可以由它发出的声音知道它是否破裂，一个人也可以由他的言论知道他是聪明还是愚昧。"

我们说话的原因是要告诉别人某些信息或者达到自己的某些目的，所以掌握说话的艺术很重要，话说多了或者不说都是错。中国有句俗语"逢人只说三分话，留得七分任人品"，将说话的艺术说得很透彻。

一位高僧曾为一个书生开了一副"药方"，告之如何待人接物。药方只有三句话："热心肠一副、温柔二片、话说三分。"对于这三句话，其中"话说三分"最值得去研究。如果对方是一个聪明的人，你没有必要把话说得很详细，说再多也只是画蛇添足而已。说话只需要双方心知肚明就可以了；你的"三分话"已经让对方了解了你的观点，如果他同意便会跟从，如果他不同

意，"强扭的瓜不甜"，你说得越多只能让他越坚持自己的想法而已。

在营销谈判中，有些营销人员总喜欢滔滔不绝，长篇大论，以此来显示自己的水平。但是，通常情况下，这种方法并不能说服客户来购自己的产品；相反，还会事与愿违，引起客户的反感。因此，营销人员要学会精简自己的语言，减少语言上的失误，才能使客户感觉到业务员的效率和办事风格，从而与其保持长久的业务往来。

凡事都是要讲究天时、地利与人和的，说话也是这样，说三分留七分，足以引起对方的注意了，这个度一定要掌握准确。如果没有掌握"三分法"，说少了人家不明白你的意思，说多了又会带来不必要的麻烦，那便是为人处世最大的失误了。

明太祖朱元璋出身贫寒，做了皇帝后自然少不了有昔日的穷哥们儿到京城找他。

一天，与朱元璋儿时一块儿光屁股玩的好友，由他们的老家凤阳千里迢迢地赶到南京。经过了很多波折之后，他终于见到了朱元璋。一见面，他难掩激动的心情，对着朱元璋大喊："哎呀，朱老四，你当了皇帝可真威风呀！还认得我吗？当年咱俩可是一块儿光着屁股玩耍，你干了坏事总是让我替你挨打。还记得咱们偷豆子吃的事儿不？咱们偷了豆子背着大人用破瓦罐煮，你猴急地豆还没煮熟就抢，结果把瓦罐都打烂了，豆子撒了一地。对了，当时，你吃得太急，豆子卡在嗓子眼儿，你没忘吧，还是我帮你弄出来的呢！"

朱元璋听完这位老乡的话，顿时生气了。虽然老乡说的是事实，但是当着后宫娘娘和奴才的面揭自己的短处，他这个当皇帝的脸往哪儿搁呀，于是，以犯上罪下令痛打之后逐出宫外。

每个人因为成长经历的不同，都有自己的缺陷、弱点，无论是生理上还是心理上的，都不愿被人再次提及，特别是在众人的社交场合，更是尽量回避或者隐藏。而且，中国人的心目中，"面子"很重要，如果你的话哪怕是玩笑伤了别人的面子，那么他也许会采用某些方法反击回来，结果只能两败俱伤。"言未及之而言谓之躁，言及之而不言谓之隐，未见颜色而言谓之瞽。"这是孔子所说的分寸。

　　"瘸子面前不说腿短；胖子面前不提身肥；东施面前不言面丑。"这是每个人都应该知道的常识，那些缺点错误或者别人失意的事最好避而不谈，哪怕再熟的人也要留有忌讳，这是维系自己人际关系网的前提，也是尊重他人的表现。

　　说话之前，若能想好话语可能带来的后果，心里明了这半果，便可省去人生一半不必要的误会和麻烦。

　　人与人交往第一印象便是通过语言留下的，所以与人交往的对话中，我们一定要掌握说话的艺术，话说出口之前先考虑后果，多说或者少说都有可能给你带来麻烦。

越是混乱就越要保持冷静

一位父亲告诫儿子：发怒时，先把舌头在嘴里转 10 圈。意思是说，人在发怒的时候极容易做出冲动的事，说出一些不计后果的话，做出一些不计后果的行为。很多人在混乱之中时，常常会失去理智，给自己带来一些追悔莫及的后果。

混乱时，我们因焦躁、因急切而很难去思考结果，缺少了对半果的预料，也就很难做成正确的决定。

越是混乱时，就越要保持冷静。虽然我们在愤怒时，总想大喊大闹，或者冲动地"报仇"，但是，这些行为并不能解决什么问题。我们常常会因为眼前发生的事而心情突变，就像我们为一个紧急会议而开车出门，一直路况很好的路突然堵了车，你便会急躁起来，拍方向盘，皱着眉头下车找原因，但是，这些有什么用呢？既然车已经堵了，那么我们就应该想怎样才不错过会议，如果一个劲儿地着急，只会白白地把时间浪费掉而已。到那时，即使你的后备厢中放着自行车你也不及骑到公司了。

因此，越混乱就要越冷静，这是一门生活的艺术，是一种处世的智慧，更是一种生存的法则。

某公司老板到仓库巡视，发现一个工人正坐在地上玩手机。该老板最恨工人在工作时间偷懒了，于是怒不可遏地问："谁让你在这儿玩的？你的工作做完了吗？"

工人回答说："快了……"老板刚想说："赶紧给我做去，不然就到会计那儿结算工资。"可是，突然另一个员工把这名"偷懒"的人叫走了。于是，该老板就先忍住火不发，想等他回来时再说。

很奇怪，等那个员工回来之后，老板的火气没有那么大了，而是问他："你在这个部门是负责什么工作的？"这人回答道："哦，我不是您公司的员工，我是另一个公司派来送货的。"

该老板一听，愣住了，心想："幸亏刚才有人把他叫走了，否则的话我惩罚了他，他回去跟自己老板一说，那可对我们公司不利了！以后，千万不能那么冲动了！"

"冲动是魔鬼"，越是混乱的状态，人们就越容易失去理智。如果你常常看新闻报道，会发现很多的事故都是混乱之中发生的。很多地方在节庆时发生了踩踏事件，大部分的原因都是大家在混乱中不知所措，纷纷想要跑出门以致踩踏。某地遭遇火灾，一个女子从六楼跳下。火根本没有烧到她跳楼的那个房间，但女子却摔成了重伤。这样的事件数不胜数，都是因为人们在混乱中常常失去理智，不计后果。假使这时你仍然保持冷静的头脑，理智地寻找办法，你一定会找到那条希望的路。

做任何事之前，一定要想到你的行为将会为你带来什么。越是混乱时，就越要考虑这些，何时何地都保持一颗冷静头脑的人，一定会是一个拥有大智慧的人。

从前，有一个国家的宰相，无论遇到什么事情，他都是一副很淡然的样子，这让国王觉得又可笑又有些讨厌。

有一天，国王准备外出，突然下起了大雨，这让国王非常扫兴。但是宰相说："这是一件好事情，大雨过后的街道一定会被冲刷得很干净，国王您就可以享受清新的空气了。"国王没说什么。

又一次，国王准备外出巡视时却遇到了酷热的天气，十分郁闷。这时宰相又对国王说："这是一件好事情，在这么炎热的天气下出巡才能了解百姓的疾苦，不是吗？"国王本想打道回府，被宰相这么一说回去就等于不顾百姓的疾苦，于是他强忍着一股无名火没有发作，对宰相恨极了。

后来，国王在检查猎器时，不小心被猎器斩断了一截手指。宰相居然也认为这是上天最好的安排。国王听后终于忍无可忍，立即把他打入大牢，并以一种幸灾乐祸的嘲讽口吻问宰相："你认为这也是最好的安排吗？"没想到宰相居然说"是"，国王更加生气了，恼火地抚了抚袖子，扬长而去。

过了一段时间，国王去打猎，不小心误入森林深处，被食人族捉住了。当晚，食人族准备了柴火，支起了大锅，准备烹煮国王。但是，当食人族清洗国王身体的时候却发现国王少了根手指头，这在族内是大忌，因为他们认为不完整的动物是不祥之物，于是他们烹煮了国王的侍从，并用特有的仪式把国王送出了森林。

劫后余生的国王回国后做的第一件事情就是去牢里拜见宰相，他激动地说："断了指头果真是一件好事情。"宰相笑了笑，回答："您把我关到大牢里也是好事。陛下您想，如果我不在牢里而是像以往那样陪同您去打猎的话，那么我必死无疑，因为我很完整啊！"

国王终于开悟。

时刻保持冷静，才能有清醒的头脑随时去应对任何变化，宰相的淡然正是他的魅力所在。这种淡然是一个强者必备的素质。自古以来，没有一个冲动莽撞的人能成就大业的。宠是别人所赐的，辱也是别人所说的，宠与辱都是别人的评价，有什么大喜与大悲的必要呢？

越是混乱，越要想清后果，守得半果，才能在混乱中不失分寸，不迷方向，大步走向成功的彼岸。

懂得适时退让，才能更好地前进

人生的道路，总有一半是退，一半是进。而何时进退，便要提前预估结果。有了半果，便能在进退之间驰骋自如。

"欲擒故纵"这个词拥有极高的智慧，看似"擒"和"纵"是一对矛盾，但它们之间的关系却十分微妙。这一"纵"便使敌人的警惕放松，也为最终的"擒"做足了充分地准备。"擒"是目的，而"纵"则是方法。"纵"便是适时地退让，看似退让却是为了更好地前进。

古人说，"穷寇莫追"，因为当你把敌人逼到绝路时，他们极有可能破釜沉舟地反扑，最终"置之死地而后生"。但是，如果你退一步，让他们自己体会绝路带来的"恐怖"，自己丧失斗志，最终你不攻便破了。

人们常常赞誉"前进"，因为它代表了积极昂扬地斗志，但是，人生之路上的"退"有时比"进"更重要。一味地前进可能会让你心力交瘁，疲惫不堪，因此，要懂得适时地退让。

春秋时期，楚庄王为了增强自己的势力，发兵攻打庸国。由于庸国奋力抵抗，楚军一时难以推进，楚将杨窗也被俘虏了。三天后，由于庸国的疏忽，杨窗竟从庸国逃了回来，他对楚庄王说明了庸国的情况："庸国人人奋战，如果我们不调集主力大军，恐怕难以取胜。"

楚将师叔出了一个主意，建议用佯装败退之计，以骄庸军，从而再去进攻他们。因此师叔带兵进攻，开战不久，楚军佯装难以招架，败下阵来向后撤退。像这样一连几次，楚军节节败退。庸军七战七捷，不由得骄傲起来，军心麻痹，军队渐渐松懈了斗志，对敌人的戒备也渐渐消失。

在这种情况下，楚庄王率领增援部队赶来，师叔说："我军已七次佯装败退，庸人已十分骄傲，现在正是发动总攻的大好时机。"于是楚庄王下令兵分两路进攻庸国。此时，庸国将士正陶醉在胜利之中，怎么也不会想到楚军突然发起进攻。庸国士兵仓促应战，抵挡不住，结果庸国被一举消灭。

楚国为了战胜庸国，采取退让的方法。退本身并不能说明他们胆怯弱小、消极作战，相反他们是为了积蓄能量，更好地进攻。退一步便可以创造更好的机会，最终他们获得了胜利。在古代，民间英雄打虎时，极少有人直接与虎正面恶斗的，而是在老虎凶猛地扑过来时，灵活躲避，如此绕几个回合后，等老虎的元气大减，体力和智力大打折扣，再向老虎发起进攻，就会变得容易许多。

在生活中，有了退让，我们就不会被认为是一介粗鲁的武夫；有了退让，我们就不会被认为是一条莽撞的汉子。体育竞赛中的足球、篮球赛，当进攻受阻，往往是将球后传，谋取更有效的进攻，获取"破网"的收获；汽车驾驶员，在泊车时，有时也需要准确地后退，才能将车停在安全的位置，起步时，有时也需要后退，才能把车驶上前进的道路……有了退让，我们就会有好的人缘，我们的人生道路就更加宽广；有了退让，我们的天空就会一片晴朗。

特别是在进退为难之时，为了最终的结果不如先退让，一味地向前横冲直撞，不仅事情办不成，最终也许还会事与愿违。在竞争激烈的现代社会，能够主动退却、寻找或创造市场机会的人更是杰出的人才，他们通过一定程度上的"退"，通常可以以退为进，胜算倍增，甚至转败为胜，进而赢得从容淡定的人生！

铃木集团成立于 1920 年，1952 年开始生产摩托车，1955 年开始生产汽车，如今是日本著名企业之一，向全世界的客户提供优质产品。但在创业之初，这家公司却遇到了不小的麻烦。

有一次，铃木集团总裁铃木太郎与西门子进行商务谈判，双方陷入了困境，原因是西门子公司坚持技术使用费提成率要占到销售总额的 9%，铃木太郎不赞成这一提案，建议将提成率降低到 5%。

虽然西门子公司答应了铃木太郎的请求，但是合同文本的主动权掌握在他们公司手中，不仅许多条款都是偏向自己公司的，而且他们又提出新的要求，即把技术转让费定为 60 万美元，并且要一次付清。

作为弱势的铃木公司，只能听从西门子公司的摆布。但是，当时铃木电器公司的总资本不超过 4 亿日元，而 60 万美元的技术转让费，相当于 2 亿日元，这笔沉重的技术转让费，对于刚刚起步的铃木公司来说是一个相当沉重的负担。

巨额的费用，让铃木太郎陷入了两难的选择。如果答应，公司必将陷入财务危机，一场灾难势必在劫难逃；如果不答应，则公司就会失去一次发展壮大的好时机。在这种形势对自己十分不利的情况下，铃木太郎高瞻远瞩地指出，退一步海阔天空，懂得退让才知进取，于是大胆接受了西门子公司的苛刻条约。

由于铃木公司从西门子公司获得了最新研究成果，所以，当时世界上最先进的科技成果几乎都有铃木公司的参与，这为他们的发展打下了坚实的基础。可以这样说，双方的合作使铃木公司开始确立了国际大公司的地位。

表面上看，一开始铃木集团做出了妥协和让步，似乎处于下风，但事实证明，铃木太郎才是这场没有硝烟的战争中最大的赢家。如果不是这次退让，那么铃木集团很难成为一家全球知名企业。难怪有人说："用争斗的方式，我们永远得不到满足；但是用退让的方式，我们得到的会比期望的更多。"

总之，明白半果后，退便不是消极退让，而是为我们下一次的进步积蓄力量。对别人暂时地退让，我们不会损失什么东西，却可以让自己远离人际纷扰与祸端，赢得更多的财源和人缘，最终以退为进。既然如此，我们何乐不为呢？

放下功利心，无悔付出

当我们去工作、去付出、去追求事业时，我们总期待着付出能得到丰厚的回馈，然而现实并不常常如意。这时候，需要我们放下一时名利的计较，以淡薄和更多的投入来追求最终的成功回报。

世界上第一个不使用氧气登上珠穆朗玛峰的人，当他下山后别人问他成功的秘密时，他郑重其事地说："这没什么秘密，我知道大脑是一个重要的氧气源，科学家告诉我们，各种思想在大脑中相互撞击时竟要消耗我们吸入全部氧气的40%，所以，为了减少对氧气的消耗，我只有向前这个念头，至于其他的任何想法我都把它们从脑子里抛掉。没有任何的杂念，当我放下了对于成功的渴望，对于付出得到回报的急切，轻松地向前，就我得到成功的回馈了。"

放下功利心，放下计较，潜心付出，成功也就会不其然地降临了。

著名导演詹姆斯·卡梅隆以《泰坦尼克号》和《阿凡达》两部电影独占电影史上票房最高的电影第一二名的宝座，创造出不可思议的票房神话。而这样的巨大成功，正是他淡然名利、坚持付出的回报。

卡梅隆素以善于拍摄大投资的电影而著称，除了《泰坦尼克号》两亿美元的巨额投资，《魔鬼终结者续集》和《真实的谎言》也各自都是一亿美元的大手笔。

拍摄《魔鬼终结者》时，卡梅隆还未成名，为了确保可以亲自导演自己创作剧本的《魔鬼终结者》，卡梅隆将这部电影连同它的续集一起，以一美元的象征性价格卖给了他的制片人。而就是这样的举动，使得他收获了自己导演的第一部上亿元投资的大片，也最终顺利走上了一线导演的行列。

拍摄《泰坦尼克号》时，由于前期投入的资金已达天文数字，他所服务的 20 世纪福克斯电影公司要求他缩减预算。追求完美的卡梅隆干脆地决定放弃自己导演加制片人高达 8 百万美元的收入，甚至也放弃了日后分红的权利——以后来泰坦尼克号创下的票房，这更是一笔高达 1500 万美金以上的巨款。就这样，卡梅隆又一次放弃自己的利益，创造了电影史上空前的最高票房纪录，以这样傲人的成功，作为了自己的回报。

正是有了《泰坦尼克号》的成功，如今的卡梅隆毫无悬念地成为世界身价最高的导演，也有了拍摄《阿凡达》时要花费巨额资金和长时间制作的巨大成本时，从电影公司到投资方不遗余力的支持。

正是放下了一时名利的计较，卡梅隆才得到了如此辉煌的成功作为回馈。只有懂得这样艺术的人，才能在该放下时放得下，才能得到成功。

人生的一半是付出，另一半是收获。每个人都要扮演付出的角色，也都会品尝接受的滋味。而接受他人的付出之后，给予回馈，便与之前换了角色，便由接受之人变为了给予之人。在这样的转换中，和谐的人际关系应运而生。

而给予回馈的艺术也同样重要。在现代社会中，每个人都是社会的一个单元、一个细胞，一个人的成功离不开千千万万人的努力和付出，一个人的富足离不开这个社会体系的支持和辅助。懂得回馈艺术的人，会尽自己所能来报答社会和他人，而在这样的过程中，也收获内心的平和与安宁。

在哈尔滨举办的世界大学生冬季运动会开幕之前的火炬传递仪式中，记者采访了一位男性火炬手。那男子面对着镜头高高挥着手中尚未点燃的火炬，按捺不住激动地说："能够成为大冬会火炬手是我一生中最骄傲的一件事！"

这位火炬手并不是什么明星大腕，也不是大名鼎鼎的业界领袖。他只不过是一位普通的生意人。他的生意并不大，名气也不大，然而与很多生意人不同的是，他的梦想并不是赚大钱发大财，而是投身公益事业，帮助需要帮助的弱势群体，以此来回馈社会。作为一家健身俱乐部的经理，他将自己赚来的钱中的很大一部分用于发展社会福利事业。短短几年里，他总共已捐赠了超过100万元的现金和物资。

他的亲人和朋友对他的行为表示过疑惑，因为他赚的钱并不算多，没必要捐出那么大份额的财产。然而这位生意人有自己的坚持，他认为，自己之所以能有目前的成就都来自于社会的支持，他所能做的，只有在自己力所能及的范围内最大限度地报答社会，如此，才不负良心。

而就在他为社会做贡献之后，社会又一次用成为大冬会火炬手的荣誉回报了他。在这样的角色转换之中，每个人都成为了赢家。

人是社会动物，没有人的成功不仰靠他人，不依赖社会。"投我以木桃，报之以琼瑶。"正是这样充满感激、知恩图报的心态，才能带来人际关系的良性循环，才能在人生一半付出一半收获的格局里，带来双赢的局面。

只有肯付出，才会有回报；而只有收到者的再次付出回馈，才能将这样投桃报李的美好延续下去，才能让每个处在其中的人获得长久的快乐。

第二篇
半贫半富半安足，半命半天半偶然

　　甩掉贫穷享受富贵，似乎是很多人奋斗的动力；得到理解受人尊敬，也似乎是很多人在精神层面的最高追求。然而实际上，富贵未必能满足我们追求幸福与快乐的愿望，别人的尊崇也未必能让我们真的安足。真正的超脱是安于现世，认同天意，接受偶然。

第四章

贫能安，才得享喜乐

　　古人说："人生在世，名利财物，都是身外之物，生不带来，死不带去。"，如果我们抱着不知足的心态去对待生活，即使时时刻刻永不停息、永无止境地去追求财富，永远也不会有幸福和快乐的时候。要想半世享荣华，先要耐得住贫，安贫才能乐道。

吃得菜根苦，万事皆不难

　　衣食无忧锦衣玉食的生活人人都想要，然而家境出身却无法选择。含金钥匙出生的人毕竟少之又少，这个社会中一大半的人都在普通家庭中出生成长，做一份普通工作，辛苦养活自己和家人。

　　霍华德·舒尔茨诞生于纽约的贫民区布鲁科林区，家里破烂的墙上甚至有子弹留下的弹洞。他的父亲先后做过 30 份蓝领工作，然而最后还是永久失业了。更糟糕的是，在舒尔茨 7 岁那年，父亲因事故受了重伤，既无保险又没有赔偿，养家的任务就落在了妻子和 3 个孩子身上。

　　舒尔茨的童年没有玩乐的记忆，他所有的课余时间都用来打工，送报纸、刷盘子、擦皮鞋。即使这样，一家人还常常为了一顿饭东凑西借。

舒尔茨再也受不了这样贫穷的生活，12岁的时候，他看着别的绅士坐在街边悠闲地喝着咖啡，心里想着受伤在床的父亲已经多少年都没有享受过一杯热咖啡了。于是他一横心，便偷了一罐咖啡回家。

舒尔茨没想到的是，父亲竟为此大发雷霆，将他暴打一顿。舒尔茨觉得受了委屈，从此拒绝和父亲说话。舒尔茨也不再试图通过偷窃或其他不正当手段改变自己的生活，而是一方面正视贫困生活的现实，一方面更努力和认真地工作着。

几十年后舒尔茨的父亲去世，当舒尔茨整理遗物时，意外地发现了自己几十年前偷给他的那个咖啡罐。这是舒尔茨才明白，父亲对自己发怒不是因为不理解自己对他的爱，而是怕自己受不了贫困的生活丧失了志气，甚至走上歧路。

很多年后，舒尔茨用多年打工积攒下的钱在西雅图派克市场门口开了一家咖啡店，这家咖啡店名为"星巴克"，是如今世界最大的咖啡连锁店。而曾经落魄的舒尔茨早就成为了成功商人。

如果没有父亲的惩罚，舒尔茨很可能成为窃贼、毒贩。是父亲的惩戒，让他重又安下心来，脚踏实地地正视生活，以吃苦耐劳的精神一点点改变自己的命运，正是因为吃得了这样的苦，才最终得以安享后半生的荣华。

吃得菜根苦，万事皆不难。

人们常说"人穷志不穷"。一个人的生活，外在物质和内在品德志气各占一半，又岂能因为没有外在的一半而将内心的美好也抛却了？钱财终究是身外之物，虽然可以带来生活一时的富足，却终是生不带来死不带去。我们有又可因为囊中羞涩，就没有办法承受诱惑，就永远让自己生活在自卑之中，就永远让人看低自己。

春秋战国时期，吴国的公子季礼外出漫游。一次，他看到路中间掉着一串钱。季礼想捡起来，又觉得自己这种贵公子做这样的举动有失颜面。这时一个砍柴的人路过，季礼见那人在这初夏时节还穿着冬天的皮袄，心想他一定很穷，四季只有这么一件衣服，于是便大声喊那人让他过来捡钱。

谁知道那打柴人听到季礼的话却十分生气。他呵斥季礼道："你是什么人，凭什么看不起人？我既然能在夏天穿着皮袄去打柴，难道会是贪财之人吗？"季礼赶忙道歉，恭敬地请问打柴人尊姓大名。那打柴人轻蔑地说："你见识短浅，只看人表面，又盛气凌人，我为什么要告诉你我的名字呢？"说完打柴人头也不回地走了。

对此，季礼一直羞愧不已。

孔子的弟子颜回"一箪食、一瓢饮，在陋巷，人不堪其忧，回也不改其乐"；诗人陶渊明"采菊东篱下，悠然见南山"；诗人林逋结庐孤山，每逢客至，叫门童纵鹤放飞，见鹤必棹舟归来，与高僧诗友相往还，乐在其中。

人们常常会认为只要有了钱就能够幸福快乐，但事实上并非如此。外物只是人生的一半，而人生的另一半是不能靠金钱来衡量的。人的贪欲是无限的，过去人们曾追求温饱，如今温饱达到，人们却并未摆脱贫困的苦恼。而富不过三代，即使那些含着金钥匙出生的人，也无法保证人生的后半段还能和前半段一样富足。人生在世，若能够忍受一时之穷苦，以生命的智慧和勇气来面对生活、工作，不在命运面前屈服，经过不懈的努力一定会获得最终的成功。

补上贫穷这一课

随着科技的发展、物质的富足，几十年前困扰人们的温饱问题如今对于绝大多数人来说已不再存在。而几十年前想都不敢去想的手机、汽车、电脑、彩电一样一样地进驻我们每个人的日常生活中，饥寒交迫的苦、食不果腹衣不遮体的苦对于现代都市人来说已经很遥远了。然而今天的我们较之过去更幸福了？答案却也未必。

我们又沉浸在了新的苦恼里，因为房子不够大，因为车不够好，因为钱不够花。我们依然生活在新的贫苦情绪里，期望着更多的财。

反倒是父母们，走过曾经物资贫乏、衣食匮缺的年代，对待现代的一切，常怀有感激之情、珍惜之意。

《荀子》中讲："欲虽不可去，却可节也。欲所不可尽，可以近尽也。"人的欲望是无穷无尽的，不管已经拥有了多少财富，也总还会生出对于更多财富的欲望；不论已拥有了多大权力，也不会断绝对更大权力的欲望。但这欲望虽然不可能去除，却可以节制。而在节制和管理欲望上，贫穷无疑是最有力、最直接的一课。

因为曾用一半的人生体会过颠沛流离的日子，所以当安居乐业的梦想成真时，才懂得用后半生来感激地度过；因为曾用一半的人生体会过食不果腹的日子，所以当衣食无忧的日子到来后，才懂得用后半生来满足地体味；因为曾用一半的人生体会过贫穷苦难的日子，所以当富足安逸的生活到来后，才懂得用后半生来珍惜地对待。

贫困，并不是每个人都必须经历的必修课。我们常常羡慕着那些含着金钥匙出生的，可是我们何曾想到，因为缺乏贫困这门人生课程，任锦衣玉食，在他们来说也不过是日日看厌的无聊玩意。而一个工薪阶层辛苦几年终于买到人生中第一辆车时的喜悦，他们永远都难无法体会。

普通人的日子，虽然房子不大，但也能遮风挡雨；虽然收入不高，但也足够日常花销；虽然未曾尝过玉盘珍馐，但也可以给自己和家人做一桌可口的饭菜。就是这样半生平凡的生活，才使得积聚之后的财富有了惊喜和幸福的意义。

马克·吐温曾写过这样一则故事：

王子爱德华坐拥天下，却觉得生活十分乏味，每天虽然住在富丽堂皇的官殿、过着锦衣玉食的生活，却十分厌恶这一切。对他来说，官殿就是一个大牢笼，而昂贵的衣服和美味的食物就像空气和泥土一样普通而不值得感激。

而乞丐汤姆拥有和王子爱德华一模一样的外表，却过着贫苦不堪的生活，食不果腹，衣不遮体，还要忍受着父亲的虐待。对汤姆来说，爱德华的生活就像是梦境一样美好。

一个偶然的机会，爱德华和汤姆相遇了，彼此羡慕着对方生活的人交换了衣服，假扮成对方。

当上王子的汤姆一方面生活在害怕被人揭穿的惊恐中，同时却以无比地惊讶和赞叹审视着爱德华的生活，对王室中人见怪不怪不屑一顾的东西——从食物到衣服再到服侍的下人都充满了激情。而爱德华在经历了百姓的种种辛苦之后，重新当回王子，这才体会到自己富贵生活的来之不易，从此一方面更加体恤百姓疾苦，另一方面也对自己原本奢侈的生活进行了反思，对财富珍惜了起来。

对于生于平民之家的汤姆，财富对于他来说不是与生俱来、理所应当之物，因此，当财富到来时他便更会感受到幸福，也更加珍惜。而对于爱德华来说，虽然早已过上了人人称羡的完美生活，却依然处处不满意。直到他和汤姆交换身份，补上了贫穷这一课，他才懂得了珍视财富。

古人说："知足者常乐。"只有懂得知足的人，才能明白向生活妥协的意义，这样的人生无疑是快乐的。千万不要总想着得到更多，因为那些想要得到更多、不懂得知足的人，常常会陷入到悲观的境地中去，从而无法自拔。然而现实生活中，满足我们的日常需求并不难，难的恰恰就是一个知足。对于我们已拥有的财富，我们常常像故事中的爱德华一样视而不见，不懂珍惜，总要去追求还未到手的东西。就是在这样的追逐中，我们永远感受不到满足，永远感受不到幸福。

这时候，只有贫苦经历的衬托，只有曾经不足的记忆，才能衬托出如今富足的宝贵，才能让我们懂得感激，懂得珍惜。

某大学的课堂上，教授提出了一个奇怪的问题："最明亮、最能触动人心的光是什么样的？"

大家马上七嘴八舌地讨论起来。

有人回答是像相机闪光灯那样瞬间炽烈的强光。教授笑着说："虽然明亮，但不够让人心怀希望。"

有人回答是原子弹爆炸时候能把眼睛耀瞎的光。教授说："虽然震撼，但也不能长久地触动人心。"

有人回答是像太阳那样明亮而热烈的光线。教授笑着不说话。

这时候一个曾经插过队的老知青站了起来，毫不迟疑地回答说："是独自在漆黑的田野小径里迷了路，不知道什么时候才能走到下一个村寨，六神无主的时候，远处亮起的豆大的油灯的灯光。"

所有人都沉默了，静静思考着这位老知青的话。教授笑着，赞许地点了点头。

万家灯火中，一盏如豆的烛光谁也不会注意。而当这光芒出现在漆黑的天地之中，却可以燃起一个归人的全部希望。

既然如此，那么贫苦之时何不就当自己正在上人生中重要的一课，就像《王子与贫儿》故事中爱德华补上的那一课。通过这一课，才可以在生活出现转机之后懂得体味幸福，懂得珍惜财富。

手里只有 3 美元的小孩

现代社会，人们越来越习惯用可以量化的标准来作为唯一的衡量刻度，一件古物的诞生年代更胜于它流传过程中发生的故事；一餐美食的卡路里含量更胜过它的色香味是否俱全；而评价一个人时，我们也越来越习惯用他的收入，用他的经济条件来评判他的价值。

就是在这样的价值评判系统下，金钱的作用被无限夸大，而一个人其他的部分——品德、阅历、幸福感则被忽略不计。

然而一个人的价值却远远不止他所赚取的金钱一项。不肯为五斗米折腰的陶渊明，隐居世外，生活清贫，自给自足，毫无进项，却留下了无价的诗篇；隐居瓦尔登湖两年多的梭罗，离群索居，靠打猎和种植蔬果喂饱自己，却留下了充满人生哲思的著作《瓦尔登湖》；而现代的那些时代劳模们，从王进喜到李素丽，谁都没有赚到太多的金钱，却在自己平凡的人生、平凡的岗位中创造出了远远高于金钱的价值。

金钱不该是衡量人的唯一标志。金钱所能带来，只是外部物质条件的丰腴，而这只是一半的人生，另一半，心灵的丰盈满足，却是金钱所无法衡量的。

常常听到刚刚入职的大学毕业生哀叹，自己寒窗十年，在象牙塔深造四年，却最终也不过是谋得一个普通职位，拿着三千五千的月薪，刚够自己勉强温饱。如此算来，只觉得自己多年辛苦学习的投入统统不值得，觉得自己的价值被贬低和否定。

然而事实是，你所拿到的金钱并不等于你自身的价值。十年寒窗所带来的，是坚毅刻苦的精神，是奋勇争先的上进心，是求知若渴的好学心，是吃得苦中苦的不屈不挠。这些品质也许不会化为金钱的直接回报，却会让我们面对人生道路未来的考验和艰险时拥有更多的筹码。而这些筹码虽不能换为金钱，却也是金钱所买不来的。

一个出身于贫寒的单亲家庭的黑人男孩，他家中靠救济金过日子。从他懂事时起，他就开始靠着捡垃圾卖废品挣些小钱贴补家用。

7岁那年，有一次老师让同学们为"社区基金"捐款。小男孩虽然贫穷，却很善良，于是，他带着自己捡垃圾挣的3美元排在队伍里，等着老师叫到他的名字，好让他可以自豪地把靠自己的劳动挣来的钱放进捐款箱。

然而那一天老师没有念到他的名字。捐款结束时，他走上前询问老师为什么没有叫到他时，老师却板起脸来厉声回答："我们这次募捐正是为了帮助你和像你这样的穷人，如果你爸爸出得起你5美元的课外活动费，你就不需要领救济金了，那么我们也许就不需要办这次捐款了。"

小男孩含着眼泪冲出了学校。他把手中的 3 美元贴在墙上，作为受到屈辱的提醒。从此以后，他拼命学习和做工，每当感觉疲倦想要松懈的时候就看看这 3 美元。

　　后来，他成为了美国著名的电视节目主持人狄克·格里戈。

　　谈起 7 岁时的这段往事，他感慨地说：“因为我家出不起 5 美元的课外活动费，所以老师便因此看轻了我的价值。我现在的成果只是想让他知道，一个人拥有的金钱并不一定等于一个人的价值。只有坚信这点，才能改变自己的命运。”

　　狄克·格里戈没有让贫穷和轻视压倒自己，相反地，他坚信人的价值不能用金钱来衡量。于是，他用努力、勤奋、坚持等一系列金钱之外的品德和付出，最终证明了那个手里只有 3 美元的小孩拥有的无限潜力。

　　我们从小就常常被教育，不可势利，不能以一个人的贫贱富贵来评判一个人。然而轮到自己身上时，我们却往往因为一时的贫苦而失去自信。因为付出和收获的不平衡而怀疑起付出的价值，甚至是自身的价值。

　　其实，又有几个人能从一开始就获得与自身价值、自身付出相应的回报呢？哪一个靠双手致富的人，不曾经历过一段不知结果如何的躬身耕耘期。这个时期中，每个人都因付出和收获的不平衡而怀疑过自己，担忧过自己，否定过自己。然而能安然度过这段自己怀疑期，坚定地走到成功的，便是明确地知道自己的价值不能用当前的金钱衡量的人。

　　创作过《双面胶》、《蜗居》等剧本的金牌编剧六六，在她的文章《拿两千块钱的薪水要有一万块钱的范儿》里讲述了自己做编剧的成长经历。

写《双面胶》的时候，没有编剧经验的六六一分钱剧本费都没有拿到。当时怀孕中的六六挺着大肚子，没日没夜地赶着剧本，可是她既没拿剧本费，甚至在电视剧的编剧名单上，也没署上她的名字。

很多人觉得她吃亏了。但六六并不这样认为，正是这部剧让她接触到了电视编剧这扇门，让她这个从未接受过正规编剧训练的门外汉开始了以国内金牌编剧为目标的长路。六六说，自己在这部作品的付出虽然没有带来金钱的收获，但她获得的价值，却远远超过金钱衡量的范围。

后来六六认识了一个小说作者，也想要靠卖剧本谋生，他问过六六《蜗居》的版权费后，就按着同样的价格去销售自己的剧本。

六六劝他别在金钱上斤斤计较，一旦错过了市场的机遇，错过了人生的创作高峰期，恐怕就再也难以出头。但那小说作者不肯。结果到今天，那部作品还揾在他的手中。

六六在文中说："你如果打算就钱做事，那你一辈子都是给人打工且暗无天日的命。你唯一能出人头地的原因是，你有野心，你志不在小。

我今天最大的快乐，其实不是你们关注的收入。

我最大的快乐是，我通过努力，过的每一天都是我想要的。"

如果因为《双面胶》的劳而无功就放弃自己在编剧方面的努力，也许六六永远都无法成为一个编剧。单从金钱的角度来衡量，《双面胶》似乎是一笔十分不划算的账，然而就是这部戏，打开了六六和电视剧结缘的大门，并最终带来了她今天的成就。

你所挣的金钱不是衡量你价值的唯一标准，关键是——如六六所说——拿两千块钱的工资要有一万块钱的范儿。只有这样，才能在不断的努力中摆脱无所回报的命运，才能寻得事业上最终的成功。

每天少赚一点点，眼光放远一点点

每个人对于钱、对于富裕的生活都充满着向往。然而钱是永远赚不够、赚不完的。只有欲望会随着现有物质条件的提升而水涨船高，不断攀升。

著名作家刘墉对于欲望的扩展曾有过这样一段精彩的描述："旅客车厢内拥挤不堪，无立足之地的人想，我要是有一块立足的地方就好了；有立足之地的人想，我要是能有一个边座就好了……直到有了卧铺的人还会想，这卧铺要是一个单独包厢就好了。世上的人们，大多如乘客一样。

这种不断攀升的欲望，促使人们努力去工作、去赚钱，造成我们的生活节奏越来越快，钱越来越多，可是我们并没有越来越快乐。

其实何必如此，工作、地位、名利这些外在的评价终不过只是一半的人生，而另一半，内心的平静、幸福、满足，却也是需要腾出同样的时间和精力来维护的。

贪欲就像一条锁链，一个牵着一个，永不能满足。贪欲又如同一把干草，点火之后，拿着这支火把逆风而行，火就会愈烧愈大，很快就会烧到手心，若不能防守便会烧到手腕，再不放开就会祸及自身。所以人要学会看淡、舍弃，保持一份淡泊。淡泊，就是要人们超脱红尘的诱惑、世俗的困扰，平淡地看待世间一人一事，豁达地面对人们的一得一失。如果说贪欲是抓住别人的手，那么淡泊则是守住自己的心。淡泊使人心平如镜，纵使万物入镜，心依然不染尘埃。

在生活中，是什么让我们不能心胸开阔，整日被忧郁、烦恼、焦躁、痛苦所占据？是贪欲。贪欲不仅会为我们带来许多的痛苦及失望，而且它们本身含有极大的危险性。所以我们要放下贪欲心，只有放下贪欲，才会远离痛苦。

人所需要的，不过是一个遮风挡雨的小屋，一个代步的工具，一个储物的空间。追求物质、追求金钱是没有尽头的，只能是在欲望的火焰中无尽地投入生命的木柴。

《韩非子》中记述了这样一则故事。

鲁国人公仪休很喜欢吃鱼，当了鲁国的相国后，很多人送鱼给他，他都一一婉言谢绝了。

他的学生问他："先生，你这么喜欢吃鱼，别人把鱼送上门来，为何又不要了呢？"他回答说："正因为我爱吃鱼，才不能随便收下别人送的鱼。如果我经常收受别人送的鱼，就会背上徇私受贿之罪，说不定哪一天会免去我相国的职务。到那时，我这个喜欢吃鱼的人就不能常常有鱼吃了。现在我廉洁奉公，不接受别人的贿赂，鲁君就不会随随便便地免掉我相国的职务。只要不免掉我的职务，就常常有鱼吃了。"

公仪休不接受别人的鱼，是因为他有自己的立身原则，他不会为了蝇头小利，铤而走险而沦为别人的奴隶，最终使自己想吃鱼而没有鱼吃。

我们每天都面对着来自于金钱，就像公仪休面对的来自于鱼的诱惑，如果不懂节制这样的诱惑，每天少赚一点钱，将目光放长远一点，结果只能是鸡飞蛋打，一无所有。

少挣一点钱，把目光放远一点，是为了今天生活得更愉快，也是为了明天生活得更幸福。

美国前副总统亨利·威尔逊，自幼家境贫寒。年仅 10 岁时他就不得不离开了自己的家而在附近的小镇当了一名学徒工，并且就此一干就是 11 年。这 11 年里，每年他可以接受一个月的学校教育，至于这 11 年的艰辛工作报酬，却只不过是一头牛和六只羊——当时相当于 84 美元现金。

在他满 21 岁之后，他就做起了伐木工，伐木工一个月的收入相当于他做学徒工时一年半的收入。如果他拼命努力，那么还能挣得更多。

就在人们认定这个小子一定会拼命工作时，他却选择了把一部分宝贵的时间花在了读书上。他借阅了数千本书，甚至愿意用工作换书来读。他的工友们都觉得他疯了，居然放着钱不挣却花时间去看什么书。然而，正是靠着大量的阅读作为基础，在马萨诸塞州的议会上，他以一篇著名的反对奴隶制的演说确定了在政界的显赫地位，并为他以后进入国会打下了坚实的基础。

人生的时间是有限的，我们花一多半来追求金钱，那么自然就只剩下一小半来自我积累、自我提高。于是，就在我们自以为是给未来打拼，给以后的幸福生活做物质积累的过程中，未来的成功却就这样悄悄地被我们错过了。

钱少挣一点，眼光放长远一点，就是要做到心存志远。人生总会有所追求，一个人如果心中没有远大的目标，势必就会看重眼前的名利。要淡泊名利，无私奉献，总要有肯于为之奉献、为之牺牲的东西。有的人之所以看重名利，计较得失，并不是因为物质生活上更需要，或者因为荣誉感一下变强了，而恰恰在于理想淡漠了。

人生可分为两半，外在一半，内在一半，金钱只能满足外在的一半，却不能填补内在的一半；人生还可分为两半，已发生的一半，未发生一半，追逐金钱只能让我们看到现在的一半，而长远的目光才能让我们将未来一起收入眼底。

更多的钱并不能给我们带来更多的快乐，我们必须尽早明白，只有内心的满足才是真正的满足。有很多人因为物欲所趋，过着表面轻松，内心却已经疲惫不堪的生活。那些懂得生活乐趣的人，肯定不会把自己的生命浪费在这永无止境的欲望中，同时，也不会为没有意义的事束缚自己的心灵。他们能把心灵保持在最愉悦的状态，不会一味追求眼前的金钱而错过内心的幸福，或者未来的机遇。

只有这样，适度地节制对钱财的欲望，始终怀有对未来的志向，才能在名利诱惑面前不被浮云遮眼，才能在走过贫苦艰难之后，得到半生的富足。

第五章
骂由人，才能心自在

我们的所作所为不一定能得到所有人的理解和支持，甚至还会遭遇一些非议和谩骂。其实，没必要理会，只要坚信自己做得正确，那就让时间说话好了。

让时间证明一切，对非议不必理会

人是社会型动物，而生活在社会中，就不可避免地面临着错综复杂的人际关系，也必然承担着人际关系负面一方带来的种种压力。

生活中，我们或多或少都在别人的态度中感受过被敌视、被非议的压力。一次升迁，带来的除了祝贺，难免还有"他算什么东西，肯定是走了后门"的议论；一次成功，带来的除了喜悦，难免还有"就凭他也能成功，真是瞎猫碰上死耗子"的忌妒；一段美好的感情，带来的除了幸福，难免还有"秀恩爱，分得快"的恶意诅咒；甚至有时候只是穿上一件喜爱的衣服，也会招来"长那么丑还那么爱臭美"的恶毒攻击。类似的非议很多很多，有时候多得让人喘不过来气。

每每遇到这样的情况，我们常常会叹息自己怎么这样倒霉，做什么都得不到别人的认可，于是难免意志消沉，情绪低落。人在世间，常有很多的不如意，很多的不稳定和变故。遇到这样的时候，我们常常陷入负面的情绪。

一位著名的漫画家说过这样一句很有哲理的话："生活的一半是倒霉，另一半是如何处理倒霉。"这句话说得多么精妙。的确，我们每天都在面对着非议，面对着各种烦心之事，然而没有谁的人生不是由一半的倒霉事构成，我们的人生最终的成败喜悲，就在于我们的另一半——处理倒霉的态度。

每个人，无论是平头小老百姓，还是名垂青史的名人，谁的功绩簿上不是毁誉参半。不同的是，有智慧的人懂得非议毁谤不过是人生的一半，他们可以以宽容的胸怀抵御来自这一半的负面力量，从而解放心灵，以全部的精力来塑造人生另一半的辉煌。而对于缺乏这样的智慧的人，一经受非议就急着要洗清自己，做出种种样子来证明自己，却不知不觉把自己的全部心力都禁锢在自己生活中倒霉的那一半之中，从而放弃了另外一半本可辉煌灿烂的人生。

南非前总统曼德拉是南非的民族英雄，在被白人政府关押了 27 年之后出狱。1994 年 5 月 9 日，曼德拉正式被国会选为总统，在宣誓就任总统的典礼上，他邀请了曾经看守他的 3 名狱警作为客人来参加典礼，并亲自向他们致敬！

此时，整个现场乃至世界都安静无声。毫无疑问，曼德拉的这一举动把人们惊呆了！因为谁都知道，这 3 名狱警在狱中不仅没有友好地对待他、照顾他，甚至还曾经想方设法地虐待过他。难道他不记得了吗？

在大家迷惑不解的目光中，这个饱经沧桑的历史老人发出了这样的感慨：

"当我走出囚室，迈过通往自由的监狱大门时，我已经清楚，如果自己不能把怨恨留在身后，那么我其实仍在狱中。"

曼德拉这一句感慨值得深思。换句话说就是：如果我们不能忘掉过去的仇恨，将其像当宝贝一样抱着，那么无异于终生住在无形的"心的牢狱"里，生命永远得不到解脱。曼德拉没有仇恨虐待自己的狱警，更以不计前嫌的态度对待他们，他宽广的胸怀有如光风霁月，令人敬佩。

曼德拉对如此的仇恨都可以轻易留在身后，而我们面对一点点非议时，又何必念念不忘，既折磨别人，又折磨自己？

非议永远都会有，只有坦然承担，留给时间去证明，才能获得半生的洒脱自在。

不让自己的心"坐牢"，这比什么都重要。

有一位名导演，近年来热衷于执导舞台剧。有一回，一个很刁钻的记者竟在记者会上问他："你这样热衷执导舞台剧，是不是你拍的电影不卖钱，没能力拍大片就只好搞小型的了？"从这位记者的言语中，不难看出他对舞台剧的贬低之意。

这位导演听后，立刻气得满脸通红，然后大吼着对记者说："你是个什么东西？说话长脑子没有？有你这样说话的吗？你是哪家报社的？"说完，他就拂袖而去了。

其实，这个记者只是想向名导演示威一下，表示自己格调高、水平高，抢点新闻亮点。哪想到，在公众场合，这位导演这么没有风度，这使得观众也对这位名导演的印象大打折扣，就连一些投资方也对他产生了一定的反感。

事实上，这位导演完全不必理会记者的无聊刁难，沉默或许是最好的回击方式。但是，他如此对待问题，即使不是他的错，观众看过他过激的表现之后也会猜测："这位导演是不是被人说到要害了，所以要急于解释或者掩饰什么呢？"

很明显，这位导演是一个容易感情用事的人。他根本就没有考虑到：这样的恶意攻击正是为了制造新闻卖点，若生气失了风度正合他意，干嘛跟自己过不去呢？如果面对周围人的恶语中伤，你沉不住气，总是感情用事地与他们理论，那就是拿别人的错误来惩罚自己。只要自己行得正，坐得直，问心无愧，根本就没有必要去跟别人一般见识，路遥知马力，日久见人心，时间自然会证明一切。这就像面对别人泼来的污水，你镇定地拿东西一挡，那污水自然就反溅到别人身上了。但倘若泼回去，那样反而会使自己身上的污水越来越多。

人生不可能永远一帆风顺，有顺风就必然有逆风，有辉煌就必然会有黯淡，有赞誉就必然有中伤。只有坦然地接受这样对半的人生，以博大的胸怀化解他人的非议，才能获得半世的自在洒脱。

谁能没委屈，看得开才能活得痛快

在这个充满温暖又不乏狂风暴雨的世界上，没有谁能够始终无忧无虑地走过漫漫一生。不管多么强大、多么幸运的人，在深邃、深沉的生活面前，也不可避免地会遇到这样或那样的烦恼。每个人境况不同，烦恼也不尽相同，然而有一种情绪却是不可避免地人人都会经历，它就是委屈。

委屈的根源，便是事情未按自己期望的方向发展，做出了努力却没有得到别人重视时会委屈，付出了真心却没有换来他人的诚意时会委屈，好心地伸出援手却被别人误解初衷会委屈，所处的境况从高处落入低谷也会产生委屈。委屈几乎是无处不在、无孔不入的。

委屈不可避免，然而对待委屈的态度，却可有大大的不同。

我们常常觉得自己活得憋屈窝囊，却看别人一个个潇洒自在。可是细细想想，谁的背后没有一箩筐委屈，只是看得开的人，可以超越委屈在心里投下的阴影，而去追求阳光。

如果你觉得自己很委屈，上天对自己不公平，不妨来看看这篇寓言故事。

寺庙里运来一块巨大的大理石，经过雕刻工匠们的加工后，它被切割成大大小小好几块。工匠们挑出了最大的一块，将其雕塑成佛像，使其享受人间香火，受人们的顶礼膜拜。而那些小块的大理石被简单切割后，铺在了佛像前面，供香客们行走、踩踏。

在一个月朗星稀的夜晚，被铺成台阶的大理石终于忍不住内心的委屈，对着佛像抱怨道："真是太不公平了，我们都是石头，为什么天天有人给你上香，膜拜你，而我们却日日受众人踩踏。"佛像说："当初工匠们只动了六刀，就让你变成了台阶；而我却是在忍受千刀万剐后才变成佛像的。"

所谓"天本公平，不公是人心"，每人付出的努力不同，做出的牺牲不同，收获自然也不同。任何人想要站在一定的高位上，都要付出代价，如果你不承受攀登向上的路途中艰辛痛苦的委屈，就必然承受顺流而下之后仰望他人成就时自卑的委屈。

凡事看开一些，坚强一些，委屈就会变成一个契机。历史上，很多性格坚定、抱负远大的人都会在受尽委屈后作出一番惊天动地的事业。心宽的人不以烦恼为意，甚至有时候看着烦恼，他们会不由自主地笑出来，因为他们已经看穿了烦恼的本质，看穿了什么样的努力能解决烦恼、什么样的时候对烦恼束手无策，产生"尽人事，听天命"的感悟。一旦能够这样想，自然就能笑对烦恼。如果你的心灵足够宽广大度，再多的苦都不能改变你的笑脸。与其生闲气，不如做正事，就像咖啡，有人只会抱怨它的苦涩，有人却懂得享受苦涩中蕴含的浓香。

可在现实的生活中，总有人不肯受一点委屈，每当觉得自己稍遇不公，就情绪激动，轻则破口大骂，重则大打出手，将事情弄得不可收拾，让与其共事的人怨声载道，失去人气，而自己也丧失内心的平静；而即使碍于面子不当面发怒，也往往在心中积怨，很难以平静的心情来承受偶然的不公。

然而人生在世又怎可能所有好事都你被一人占尽？不经历委屈的风雨，又怎能奢求福报的彩虹？既然人人都有委屈的时候，那么发生在自己身上时，何不以平静的心态对待？静一静心，将接受委屈当作个与人为善的机会，一个化敌为友的机会。如此，既不失内心的安宁素净，更增添了人际关系的和谐圆满，何乐而不为？

卡米尔是一家汽车公司的网络编辑，她这人最害怕的就是受委屈，尤其是在工作上，做完自己的工作后，宁可坐着歇着也不肯帮帮周围忙得头晕转向的同事们，下班比谁都走得早，这让同事们很不喜欢。

有一天下午，公司要急发通告信给所有的营业处，而公司的文员又请假，所以办公室主任抽调了一些员工协助，卡米尔就在此列。卡米尔对此很不以为然，认为这不是自己的工作，做了岂不是吃亏了，便不高兴地说："凭什么要我去？再说了，我到公司来不是做套信封工作的，我不做。"

结果，主任以不遵从领导安排的理由要罚卡米尔50元，以示禁戒。卡米尔哪能受得了这种委屈，便气势汹汹地和主任理论，说："嗨，你凭什么罚我，你是不是平时看我不顺眼呀，你要是看我不顺眼就直说。"

主任一听气就不打一处来，很认真地说："既然帮同事做一些事情，帮公司处理一些事务你会觉得自己受委屈，那么请你另谋高就吧，我们这里不欢迎你！我想，经理也会赞同我的说法。"就这样，卡米尔失去了工作。

因为不能承受委屈，卡米尔甚至失去了工作。委屈，不过是广阔人生中一小半的阴影，就像是美玉上的一点瑕疵，水果中的一粒粒籽，美人脸上的一颗痣。如果不能坦然地接受它们的存在，不能忍受着一小半的不完美，就只能整个放弃，连美好也一起失去。

世界上本不存在完美，既然如此，何不就看开那不完美的部位，而追求一半的完美？

带着这样的心态，凡事看开一些，坚强一些，委屈就会变成一个契机。历史上，很多性格坚定、抱负远大的人都会在受尽委屈后作出一番惊天动地的事业。

司马迁在《汉书》中写道："盖西伯拘而演《周易》；仲尼厄而作《春秋》；屈原放逐，乃赋《离骚》；左丘失明，厥有《国语》；孙子膑脚，《兵法》修列；不韦迁蜀，世传《吕览》；韩非囚秦，《说难》、《孤愤》、《诗》三百篇，大底圣贤发愤之所为作也。"

司马迁对周文王、孔子、屈原等人是心怀敬意的，这些人受尽了委屈，但并没有在委屈中埋没了自己。他们通过著书立说来抒发他们的怨愤，并以此展现出了自己的才华和价值。

一半地球在阳光中时，另一半就在黑暗里；一般地球在夏天时，另一半就在寒冬里。人生也是如此，一半欣慰便有一半委屈，而我们所要做的，就是学学向日葵的心态，坦然地把阴影背在身后，始终积极坚定地昂起头朝向太阳的方向。

不较真，云淡风轻自在活

古人说，世间本无事，庸人自扰之。有些人总是放不下，有些人总是想得到，结果内心里就一直沉甸甸的。太在意只会让你更失意，放不下只能让你更沉重。

这个世界上没有什么是唯一的或不可替代的，很多一时看似没有出路的困境，只要换个角度，就能柳暗花明。只是我们被自己思维的惯性所困，才封闭自己另寻出路的可能。其实，只要将心放宽，学会洒脱随心的人生态度，就会发现，昔日的绝境不过是自己太较真而钻了牛角尖，退一步，便海阔天空。

生活不是单一的平面，而是丰富的花园，处处充满着惊喜，处处可堪玩味。而如果对花园里出现了一只虫子反复较真，就失去了另外大半的美景。

月圆月缺，生活中总有不如意的那一半，只有昂首阔步走过那一半的坎坷，才能迎来柳暗花明又一村的美好一半。

较真、看不开、钻牛角尖正是我们最大的悲伤之源，放不下是永恒的心头之痛，要快乐地生活，一定要不较真才行。看开，其实就是告诉我们记住该记住的，忘记该忘记的。"春有百花秋有月，夏有凉风冬有雪。若无闲事挂心头，便是人间好时节。"往事不可追，有的事需要我们忘记，以便更美好地生活。忘记该忘记的，不要沉溺于痛苦的回忆。

人生如戏。今天你是炙手可热的主角，明天可能就跑龙套。学会遇事洒脱不较真，才能拥有一个自由人生，心无挂碍，你才会感受到生活的美好。不较真，便是要放下心里的算计和计较，放下不愉快和猜疑。然而，很多年轻人无法达到这种境界。

　　小月和初恋情人小卫是高中时的同学，两个人从被家长和老师想方设法铲除的早恋开始，一起考上名牌大学使恋情从地下转为地上，一起留在北京找了工作进入谈婚论嫁阶段，这期间两个人风风雨雨地走过了整整7年时光。

　　然而就在小月沉浸在对结婚的憧憬中时，小卫突然提出分手。而分手的原因是小卫爱上了别人。

　　小月怎么也没法接受这个现实，她不能想象，和自己相爱相伴了7年的恋人竟然能这样绝情，说变就变。小月哭着跑去小卫的公司找他，给小卫的父母打电话，还整夜地站在小卫的楼下就为了见他一面。然而小卫始终避而不见。

　　小月绝望了，她在过去7年中关于人生的所有目标和规划都是建立在自己和小卫在一起的基础上的。小卫的离开，让她觉得没有活下去的理由。于是小月服安眠药自杀，所幸发现得早，被救了回来。

　　经历了生死的考验之后，小月不再去想小卫，而是一心专注于自己的工作、生活。她开始健身，也时常买一些礼物送给自己。时间长了，她发现自己已经不在乎小卫背叛了。她还重新遇到了一个和自己相知相爱的人。如今的小月有一个幸福的家庭，也已经是一个孩子的母亲。当她想起自己的过去时，她几乎不能相信自己曾为小卫选择轻生。那时候绝望地以为生活不会再幸福，现在回头，才发现不过是钻了牛角尖而已。

　　我们很容易像小月一样，计较于已经发生不能改变的事情，对于别人带给我们的负面影响自己和自己不断较真，就像扑火的飞蛾，结果却将自己逼上了绝路，最终粉身碎骨。不再较真于过去之后，小月才获得了属于人生另一半的幸福。

人在世间，常有很多的不如意，很多的不稳定和变故。此时，我们常常在负面的情绪中自我较真，只反复诘问："为什么总是我？""为什么世界对我这么不公平？""为什么就没有人能理解我？"若如此，我们只能在自我厌恶和敌视他人的道路上将自己逼入死角。面对人生中的不如意，若能做到洒脱从容，随心而安，不较真，很多烦恼和痛苦其实都可以避免。

真正的生活，其实是在日常生活之中以宽阔之灵的享受。就像大海中的鱼，越是深潜，就越是感到水的压力和渔网的逼近，但如果能跳出水面，就会看到一番海阔天高的美景。即使再次潜入深海，它也已经是一条开了眼界、有了见识的鱼，它从此可以比较天蓝和海蓝的区别，思考鸟的翅膀和鱼的鳍有什么不同。总之，一旦你的心灵能够跳出生活的囹圄，获得更广阔的胸襟，烦恼就会变得渺小，根本不值一提。

某日，寺院里来了一位僧人，住持与他对坐论禅。

住持大师问："听说你从前的师父在大悟时说了一句偈语，你还记得吗？"

"当然记得，"这位僧人很自信地说，"我有明珠一颗，久被尘劳关锁；一朝尘尽光生，照破山河万朵。"僧人说出师父的偈语，不免有些得意。

住持听了，大笑数声，然后一言不发地走了。

这位僧人不明白住持为何发笑，心里非常愁闷，一连几天都思索着这个问题。终于有一天，他忍不住了，就去问对方发笑的原因。

住持说："唉，看来你的心中依然有执念，因为别人发笑而愁苦，一切源自你看不开，其实，笑骂随他去，你又何必为此痛苦。"

和尚听了，如当头棒喝，豁然开悟。

人生不如意常十之八九，要让自己快乐，就不能事事较真。减压的好方法就是学会忘记那不开心的一半，珍惜那以幸福和快乐写就的一半。

人的一生像是一次长途跋涉，不停地行走，沿途会看到各种各样的风景，历经许许多多的坎坷，如果把走过、看过的都牢记心上，反复计算得失，就会给自己增加很多额外的负担。过去的已经过去了，时光不可能倒流，除了记取经验教训以外，大可不必较真，只把美好的一半装入背包，心怀风景，云淡风轻。

花开就有花落，云卷也有云舒，只有不去计较生活中不如意的那一半，才能笑看庭前花开花落，闲望天上云卷云舒，充分享受人生幸福的一半。

心平气和，做内心强大的自己

怒，从字面上看，就是一种能够把心当成奴隶的力量。不管你平素是多么理性、多么干练的人，一旦怒火中烧，就会完全丧失平日的自己。难怪有人说，愤怒是驾驭人的"暴君"，理性往往会被愤怒打败。

那么，人就只能任凭愤怒驱使，做它的奴隶了吗？当然不是。美国作家罗伯·怀特曾经说过："任何时候，一个人都不应该做自己情绪的奴隶，不应该使一切行动都受制于自己的情绪，而应该反过来控制情绪。无论境况多么糟糕，你应该努力去支配你的情绪，把自己从黑暗中拯救出来。"

"生活像一团麻，总有解不开的小疙瘩……"这是 20 世纪 90 年代初期红遍大江南北的电视剧《渴望》的同名主题曲。生活中有很多小疙瘩，想解都解不开。这本是生活的真实面貌，但往往很多人只能接受生活中的美好与顺利，忍受不了生活中的不平事，进而心烦意乱，还要将罪过归于生活。

每个人都在经历着各种各样的无奈，遭遇生活的不公平时，很多人无法适应，怨天尤人，整天活在忧郁之中，这或许能解一时之气，但我们也就等于被生活击垮了，更别提获得安然的生活方式了。

其实很多时候，生活只是给了我们一个顺应环境，挑战自己，从而攀上顶峰的机会。在愤愤不平、一再抱怨中，我们自己亲手将这样的机会断送，却永远沉浸在对上天的埋怨中。

泰戈尔说："是我们自己看错了生活，却说它欺骗了我们。"很多时候，当我们觉得自己被生活所欺骗时，保持平心静气的强大内心，适应环境，就能在困境中谋得发展。

只有心平气和地对待生活，不抱怨、不强求，笑骂由人，心境自在，才能在这本就充满"小疙瘩"的生活中安享半世自在洒脱。

"风来疏竹，风过而竹不留声；雁过寒潭，雁去而潭不留影。故君子事来而心始现，事去而心随空。"意思是说，万事万物到头来都是一场空，所以应当抱有心平气和的态度，事情来了就尽心去做，事情过后心情要立刻恢复，保持自己的本然真性于不失。

晚上，老禅师像往常一样在寺庙的院子里散步，忽然发现在墙角边有一把椅子，一定是哪个小和尚贪玩，不守寺规，偷偷踩着椅子翻墙出去玩耍。

老禅师将椅子移到一边，就在椅子原来的位置慢慢地蹲下身子。不一会儿，果真传来一阵咚咚咚的跑步声音，声音走到老禅师背后的墙外停了一下。只听那人稍一纵身，就蹿上了墙头，也许是夜黑没有看清椅子已被老禅师移走，那人踩着老禅师的肩膀就翻墙过来了。

原来是贪玩儿偷跑出去的小和尚。小和尚立刻知道自己冒犯了老禅师，于是惊慌失措地低下了头，等待责罚。可老禅师不但没有任何责怪，反而平静地说："晚上凉，赶紧回去加件衣服。"

至此，再也没有贪玩的小和尚偷跑出去过。

小和尚偷跑出去玩，本就已是冒犯了老禅师的规矩和权威，而踩在老禅师的肩膀上，更可谓大逆不道。然而老禅师早以心平气和的肚量看淡了世间事，也获得了禅意生活的大智慧。因此，对于弟子的冒犯，便也不会动气，只是用强大的内心承担下来，不动声息地消化掉。而就是在这个宽容的过程中，他的威严反而得到上升。小和尚们再也不会因为贪玩而偷跑出去。

面对他人的冒犯、生活的不公平，每个人因了自己的修养、意志、胸怀、境界的不同，会有很不同的态度，会做出不同的反应。正是这种不同，造就了一个人和另一个人、一些人和另一些人的不同人生。换句话讲，一个人的生活未来和成长实现，主要取决的不是他如何面对公平，而是他在不公平环境中有怎样的表现。

有这样一种人——他们早已知道，生活中没有绝对的公平。当不公平出现的时候，他们不会愤怒、不会抱怨，也不会惊慌失措，而是把它当作人生必修之课去应对、必做之题去演算。无论生活是公平的还是不公平的，他们都能够温和宽容地对待，以忍灭嗔，坚持自己给自己公平。

看淡不了生活中的不平事，是对生活的苛求太多，想让生活受自己的思想支配，美好与丑恶全要自己决定，这难道不是愚人痴梦吗？生活本该就有精彩也有平淡，有坦途也有荆棘，只有学会生活、懂得生活，才能看淡生活中的不平事。

上天的公平，并不在于人人都有相同的境遇，而在于人人在各种的境遇中，都同样地有一半幸福的机会，一半不幸的可能。我们不能改变自己的境遇，却能努力去抓住那一半幸福的机会，以豁达的心消化不平事，而尽享内心的和乐满足。

由于工作出色，林丽进入公司不到三年就被领导提拔了，她从一个普通会计晋升为了财会小组长。遇到这样的好事情，林丽心里自然是美滋滋的，上下班路上都哼着小曲，但是很快这种好心情就被破坏了。

有一个同事心里不平衡，觉得自己是老员工，凭什么这么好的机会让资历尚浅的林丽"捡"了，于是，对林丽的态度尖刻了起来，说话很不客气，有时还带着"刺"："有些人爬得真快，也不想想是谁在给她垫着背。"、"人家年轻人长得好看，悄悄抛一个媚眼，自然就能得到老板的宠爱。"

听到这些，林丽自然明白对方所指，她很是气愤，但是理智控制了情感。办公室就几个人，她也不想搞得很僵，毕竟还要来往，而且自己也要发展和进步。于是，每当同事再对自己风言风语时，林丽都心平气和地面对，继续埋头工作。

就这样，林丽顶着被否定的心理压力，不断地提高自己、完善自己，工作成绩越来越好，又一次次得到了领导的表扬。时间久了，这位同事也觉得林丽的工作能力的确比自己高出不少，也便不好意思再说什么了。

对于同事的敌意，林丽不是不可以撕破脸皮，同样恶语相向，然而如果这样她又能得到什么呢？只能是糟糕的人际关系、令人反感的办公室气氛，以及"有点小成就就不能让人说一句"的更多中伤。幸而林丽是聪明的，她对于来自同事的敌意和仇视选择了心平气和地对待，就这样，在不断的上进和努力中终于得到了所有人的认可。

清者自清，以忍灭嗔，用实力证明自己，用涵养而不是恶毒的回击来胜过别人。当你用温和宽容的态度来"迎战"对方强硬的攻击时，你会发现，别人任何的无理攻击与诽谤会在你的柔声细语之中无用武之地，如此也就能和风细雨地化解矛盾，换来心安神定的人生活法。

当不公平出现时，以强大的内心心平气和地面对，拥有"退一步海阔天空"的气度，你会看到天的无边、海的无垠。看淡生活中的不平事，莫要让苛求染黑了快乐，你便会拥有看淡之后的神清气爽。只有如此，才能在自己的人生境遇里，抓住那一半幸福的可能。

以善制恶，宽以待人

有些人总是忌妒或因为对自己状况不满而贬损别人抬高自己，总是明里暗里地挑拨离间、下绊使坏，给你的生活工作蒙上诸多阴影。

此时，我们不必与他纠缠。此时，只需做好自己的事情，意想不到的好运便会悄悄降临到你身上。

每个人的心灵都是一方土地，你种下什么，就收获什么。如果你撒下的是乐观健康的种子，那么小人的攻击无非是周围蔓延的毒草，并不能影响你最终收获美好的东西；如果你撒下的是颓靡悲观的种子，那么即使被鲜花包围，你的土壤生长出的依然是杂草。

我们常常将自己的失败归罪与别人，考试失败，是因为别人打扰了你复习；任务没按时完成，是因为工作环境太嘈杂；上班总是迟到，不是赶上堵车，就是下雨，再不然就是赶到公司找不到车位，却从没想过如果提前 15 分钟出门，也许这些就都不是问题。

我们总是受着他人的影响，我们的失败是因为别人，我们的不快乐是因为别人。我们在对于"别人"的一再抱怨之中，早不知不觉将自己的生活拱手让给了他人。

既然别人不能改变，我们何不放宽心胸，来接受别人的所做所谓，同时，也保留自己的态度。

人性，本就是一半善一半恶，我们自己也并不例外。别人以恶的一半对待我们，是他们的偏颇，而我们若因此就也摆出自己恶的一半，便是将自己也降到卑劣之人的档次上，反而如了他们的意。

在职场中，新人们往往单纯而直爽，说话常常有口无心。对于他们来说，"小人"的危害更是犹如飞过麦田的蝗虫一般，不但会将新人的无心之语当作把柄拿捏在手，更会在他们前进的道路上设置重重障碍，让其防不胜防。不过，有意思的是，西方有句古谚："为你设置障碍的人也是助你前进的人。"何解？让我们先来瞧瞧下面这件事儿吧。

莹莹单纯直爽，毫无心机，一起干活的搭档晓峰没少欺负她。脏活累活都扔给她不说，那人还常在老板面前故作勤奋状，却将她贬得一钱不值。另外一个搭档阿达也常常受到晓峰的挤兑，阿达为此愤愤不平，常常反唇相讥，甚至也多次跑到老板面前说晓峰的种种不是。

看到老板对此并没有给出回应，阿达心里十分不平，便开始消极怠工，处处和晓峰作对。

但莹莹却没有理会晓峰的挑衅，不但工作起来更加卖力，更是不断地充实自己。

一天，主管心血来潮，要对所有的员工进行能力测试。勤奋努力的莹莹自然立刻脱颖而出，而晓峰和阿达都没能通过测试。

其实，所谓"小人"大多都是只善于暗地使绊者。要知道，无论如何，他们都一定不是你的对手。试想，他们的大量时间都用来对付身边同事了，哪里还有多余的精力用来工作，用来积累人脉和经验呢？

美国最受尊崇的心理学家威廉·詹姆斯就曾说过这样一句话："我们的时代成就了一个最伟大的发现——人类可以借着改变自己的态度，改变自己的人生！"

同样的工作环境，同样面对着"小人"的纠缠，有的人可以放宽心胸，一笑而过，有的人却纠结其中，到头来既伤了心情，又影响了工作。

放宽心胸虽然并不能直接改变天气，但却可以让你选择在阳光下起舞，在雨中唱一首"雨中曲"；放宽心胸虽然并不能让你选择环境，但却可以让你选择在吵闹的地方开个派对，在安静的地方读一本好书；放宽心胸并不能替你掌控别人，但可以让你选择从他们身上受到积极的影响，也可以选择从他们身上获得消极的暗示。

有一半人善待你，就不能拒绝另一半人苛待你；有一半人帮助你，就别介意另一半人暗害你；有一半人赞美你，又要承担另一半人诋毁你。你永远有一半成功的机会，放宽心胸，笑骂由人，享受自己的半生豁达就好。

莫白在一家公司从事销售工作，她为人踏实肯干，又能言善道。刚进公司不到一年，小莫的业绩便如芝麻开花一般节节攀高，既而受到高层管理的注目。俗话说，上帝偏爱的人，也总会得到撒旦的垂涎。

在小莫接受年度嘉奖之后，"霉运"也就此缠住了她。先是她为客户准备的一些重要资料常常不翼而飞，接着又屡次发现自己电脑中的重要文档被人偷偷篡改。更令人气愤的是，不知从什么时候起，公司居然传出了她与经理的绯闻事件，这使得男友对她产生怀疑，并日渐疏远。

她的心中也一度充满了阴霾，但擦干眼泪后，小莫将所有的委屈都咽进肚中，资料被盗，她就将所有的信息都记在脑海里；文档被改，她索性将原始文件备份多份在别处；至于与经理的绯闻，既然经理单身，小莫干脆顺水推舟，却也从这绯闻中收获了一段幸福的爱情。

看，当我们面对"小人"的时候，适当吃亏，也算得上是一种福气了。

职场之中，我们理应只做好自己的分内之事。若是小人来袭，我们绕行即可，千万莫要与他们纠缠，白费了我们自己的大好时光。

不过，尽管许多人对"小人"敬而远之，但谁又能肯定地说，"小人"的出现只会给我们带来厄运呢？古人不也有塞翁失马的故事吗？你总是有一半的机会出类拔萃，成为鹤立鸡群的佼佼者，也有一半机会随波逐流，自降为小人，参与到钩心斗角之中。

你不能阻止"小人"的出现，既然如此，就放宽心胸。安心做好自己的工作，把握好自己那一半成功的机会，坚持向前，总会有所回报。

最要紧的，是知道自己要什么

"这个世界上，没有人能够使你倒下，如果你自己的信念还站立的话。"黑人领袖马丁·路德金握紧双手告诉人们，只要信念还在，只要心不变，人就站得住脚。

综观那些成功者，他们在人生的道路上，不但不比别人更加幸运，反而他们所走的道路更加坎坷，只不过他们有一颗更坚定的心。靠着心中屹立不倒的信念、智慧、坚持、勇气等取得了最后的成功。

人生在世，你有你的是非，他有他的是非。有人群的地方就会有是非，有相信"是非"的人，就有搬弄是非者的用武之地。没有人能摆脱是非，能摆脱他人的影响，然而重要的是，是在是非中保持一颗坚定的心，知道自己要的是什么。如此就能确定自己前进的方向，而无论路边是欢呼喝彩的人群，还是萧瑟苦寒的风景，都不会影响我们在成功道路上大踏步地前进。

知道自己要什么，人才能获得不变的心。而坚定不变的心是人生支撑的力量。如果把人生比作一棵参天大树，那么心就是树根。只有心不动不摇，大树才能参天。若根移，大树亦倾覆；心一变，人生便岌岌可危。

因此，人的一生，样貌可以改变，体重可以增减，只有心中的信念一丝一毫不能改变。心不变，才有信念的脊梁，支撑着人类的整个灵魂；心不变，才有希望如海上的一盏明灯，指引人们扬帆起航；心不变，才有原则表明人生的方向，指引我们向最终目标前进不倒。没有坚定的心的人生是没有意义的，一遇到挫折就改变信念的人生更是软弱无力的。

人生的道路有两部分，一半是沿途的风景，一半是终点的掌声。有的人为了追求成功一路埋头向前，却将亲情、友情、健康、快乐都作为沿途的风景忽略而过，走到终点，才后悔一生过得太过功利和不幸福；有的人太沉迷于沿途的风景，一生都未走到成功的终点，于是临终时后悔一生过得太过潦倒糊涂。

其实这两种人生都没有错。只是因为不知道自己要的到底是终点还是风景，就得到这个想着那个，得到那个又遗憾这个。仁者乐山，智者乐水。从一开始就知道自己想要的是沿途的风景还是终点的掌声，然后带着这样坚定的方向度过一生，如此才有意义，才不留遗憾悔恨。

美国学者查尔斯之所以会成为一名著名画家，就是因为一件小小的事情。那年他12岁，在一个百无聊赖的星期天，他信手涂画，并模仿当时最流行的连环画上的形象，画了一只猫。当时，他对自己的作品还十分满意，便拿去给父亲看。

父亲看到他的涂鸦后，很认真地说："说真的，查克，这个画是你自己画的吗？""是的。"查尔斯回答道。父亲又认真打量着画，最后点着头表示赞赏："在绘画上，我认为你很有天赋。"查尔斯在一边激动得全身发抖，他知道父亲不轻易表扬一个人，这是父亲由衷的赞美。

从那天起，查尔斯开始热衷画画了，他几乎看见什么就画什么，把练习本都画满了。后来父亲远去他方，查尔斯就把那些自己感到满意的画寄去给父亲，然后等着父亲的回信。而父亲每一点表扬都能让他兴奋好一阵子。慢慢地，他相信自己将来一定会在绘画上有所成就。

　　17 岁那年，父亲去世，查尔斯成了一无所有的贫穷人，后来他不得不离开学校，但他没有忘记父亲对自己的表扬。那时，伴随着父亲的鼓励，他坚持画了三幅画，然后把画作交给了报社。第二天，查尔斯就被该报社聘请为画师，这样他就有了更好的条件去创作、去画画，并一直坚持下去。

　　父亲的一句赞扬，点燃了查尔斯心中的信念。于是"画画"就成了查尔斯所要的东西。因此他无论面对怎样的境况也坚持自己所要的东西，最终实现了自己的理想。这期间，如果说查尔斯是被上天眷顾着的幸运儿的话，那么只能说他的幸运在于他知道自己要什么，并且坚持了下去。

　　知道自己要什么是一切奇迹的萌发点，它能让流落几百年的种子生根发芽，就能让遭受绝境的人们重获新生。事实上，人生从来没有真正的绝境。无论遭受多少挫折，无论经历多少坎坷，只要一个人的内心怀有一粒信念的种子，只要挨到重见天日的那一天，就能开出生命之花，人生之果。

　　在追求成功和卓越的过程中，总免不了经历困难坎坷和别人的非议。只有知道要什么，才能跨越这些障碍，不让内心受到影响；否则，就会因为一点是非而犹豫不决，而脆弱，而放弃自己的道路。

　　马晴初入公司，做的是行政助理。由于只有中专学历，所以她做事非常勤奋努力，也深得大家的喜欢。

　　市场部经理是个重实绩轻学历的领导。他很快发现了马晴身上的潜质，所以大胆地将她调到了销售部，并且给了她一个部门副职的头衔。由于工作的缘故，两个人经常一起出差，一起请客户吃饭。同进同出多了，难免就有人传闲话，渐渐地，办公室就传出了两人关系暧昧的流言。

起初，马晴对此一无所知。但她觉得周围的人看她的眼光越来越怪异了。有一次，一位年长的同事意味深长地对她说："不要锋芒太露！"弄得马晴一肚子的疑惑，于是她找到要好的同事小娜询问。

听完小娜的话，马晴吃惊得张大了嘴巴，半天没说出话来。她是一个很要强的人，不能容忍这种无凭无据的流言再继续流传下去。

第二天，马晴直接找了那个最八卦的"小喇叭"，警告她不要随便乱说话。而对方也毫不示弱，结果闹得双方不欢而散。

有了这件事之后，马晴申请调换部门。经过领导批准后，她去了售后服务部。或许是因为售后服务部所需要的耐心细致和她的性格相去甚远的缘故，刚刚调到新岗位不久，她就与客户发生了争吵。原本这只是一个工作中的失误，但是，新的流言马上又传开了。有人说："马晴以前在销售部的业绩都不是自己做出来的，而是市场部经理帮的忙。她自己根本就不能胜任销售部的工作！"

此后，马晴都快变成公司的"祥林嫂"了，不管遇到谁，都要为自己辩解一番，想通过解释还自己一个清白。但现实却恰恰相反，事情不但没有澄清，反而越描越黑。如今的她整天吃不下饭、睡不着觉，甚至连班都不想上了。

故事中的马晴就是因为没有清楚地想过自己要什么，而因为一点流言就放弃了自己原本通向成功的道路。如果想透彻自己要的便是发挥自己的能力，做出好的成绩，又何必为一点是非就调去自己并不擅长的领域。

在人类的世界中，要想变成一个成熟的强者，就必须从知道自己要什么开始。当你确立了人生目标时，一切的努力和劳动就变成了一件乐事，一切的苦难和挫折就变成了脚下的台阶。知道自己要什么，才能在前进的道路上笑骂由人，毫不迟疑，也才能在走过风雨之后，得享属于自己的半生洒脱。

第六章

逸有度，才可精神足

随着社会竞争越来越激烈，几乎每个人都备感压力增大，不安的感觉也越发强烈。为了摆脱这种不安，我们习惯了让自己投入到忙碌之中。但劳逸结合身心才会愉悦，效率也才能增高。所以，我们有必要让生活回归合理的节奏。不太闲，也别太忙；别做太多，也别做太少。

过闲会累，过劳伤身

古人说："劳逸结合。"劳与逸，就是人生状态的两半。有了劳，才能给逸提供物质的保证；有了逸，才能在劳时有更好的精神状态，劳也更有意义。

劳，意味着疲累、繁忙，却也充实；逸，意味着清闲、逍遥，却也容易陷入空虚。人们总希望能以逸待劳，然而真的闲下来又担心虚度生命，于是终日惶惶。而一旦日夜繁忙起来，却又抱怨连连，只盼着休息。结果就是很多人处在生命闲的一半时盼着忙，而处在人生忙的一半时就盼着闲，结果盼来盼去，眼前的日子似乎都没真的过过就过去了。

其实劳逸各是人生价值的一半。劳，使得我们在社会上耕耘，有付出，有收获，创造着事业上的成功和进取道路上的辉煌。但这并不是我们人生唯一的意义，除了名利地位的收获，人生还有另一半价值，就是逸，是我们享受我们所创造出来的物质价值，获得内心的安宁满足。如果不懂劳，人就如寓言中的蟋蟀，在夏日里日夜唱歌，在冬天来时却只能饿死雪中；如果不懂逸，人就如蒙上眼睛围着磨打转的驴子，即使创作出再多成果也与己无关，只能在原地打转中自我封闭，直到死亡。

过度的闲只会导致玩物丧志，过度的劳只能造成身心俱疲。懂得劳逸结合，既重视劳的价值，也珍视逸的时光，才能活出精彩的人生。

我国著名诗人杜甫便是劳逸结合的典型。

杜甫喜欢喝酒，但是从不因酒误事。他在苏州当刺史时，因为公务繁忙压力很大，便给自己定下规矩，每十天喝一天酒。他用这一天的酒醉来发泄之前九天工作中积压下来的身体的疲劳和内心的压力。

杜甫自己说：不要轻视这一天的酒醉，正是这一天的酒醉可以让自己排遣之前九天的疲劳。如果没有九天的疲劳，怎么能治理好州里的事务，对得起州里的人民。如果没有这一天的酒醉，又怎么能娱乐身心，振奋精神呢。

而也是因为以喝酒来作为工作的调剂从而达到劳逸结合的目的，杜甫更留下了无数与酒有关的好诗。他在《同李十一醉忆元九》一诗中说：花时同醉破春愁，醉折花枝当酒筹；在《赠元稹》一诗中说，花下鞍马游，雪中杯酒欢；在《与梦得沽酒闲饮且约后期》一诗中说，共把十千沽一斗，相看七十次三年；在《同李十一醉忆元九》一诗中说，绿蚁新醅酒，红泥小火炉。晚来天欲雪，能饮一杯无？

若不是劳逸结合得当，面对繁重的公务，杜甫恐怕很难成为心胸豁达、名垂千古的大诗人。

闲趣不一定会带来物质财富和名利地位，但它可以填充你的精神世界。看看朝阳日落，听听鸟叫虫鸣，赏赏牡丹百合，或为自己沏一杯茶，做一个手工活儿，这些都让你感受到生命的宝贵、活着的幸福。

2012 年，雷格斯对全球范围内 80 个国家和地区超过 1.6 万名职场人士进行调查，发现 3/4 的中国内地上班族认为自己承受的压力比去年更高。根据办公方案提供机构雷格斯最新发布的调查报告，在过去一年里，中国内地白领承受的压力为世界之冠。

与压力的增高相伴随的，便是种种身心疾患的爆发。从某著名企业员工10 天内连续发生了近 10 起跳楼自杀，到年轻人"过劳死"频频出现在新闻头条，20 年前人们几乎没有听说过的抑郁症、强迫症、焦躁症等心理疾病或心理亚健康状态困扰着现代都市职场中的每一个人。

就是这样的大环境下，劳逸结合才显得更加重要。

劳逸结合，就是要以一半的精力认真对待工作，以另一半的精力认真对待生活。只一味地劳只会让人迷失自己，让人在身心俱疲中忘了当初选择这条路的初衷，对生活只剩痛苦的承担和抱怨连连。而一味地闲，只会让人在无所事事中百无聊赖，只剩满腹闲愁，反而心累不堪。

没有劳创造财富，人就只能成为温饱的奴隶，为了生存而苦苦挣扎；没有逸解放心灵，人就只能成为压力的努力，即使创造出再多财富也不能从中得到丝毫快乐，反而将自己越来越多地束缚在对财富的追逐中。

适度劳逸，劳逸结合，只有这样才能解放身体，也自由心灵。

玩乐有度，做事才有术

人需要休息，需要玩乐。只有在适度的休闲之后，人才能更专注、更有效地工作。就是因为这个道理，学生们上 50 分钟课，就会有 10 分钟休息时间；职场员工们上 5 天班，就需要 2 天进行放松和调制。而只有有度地玩乐和有效地工作的良好结合，人才能同时拥有物质满足和内心快乐的高质量的生活。

而玩乐最怕引人沉迷。一旦人一心玩乐，将过多的时间和精力都投入在玩乐和享受上，那么一个人生活的价值就会大打折扣。

美国一名叫博朗尼·迈尔的临终关怀护士，总结了生命走到尽头时人们最后悔的 5 件事情。其中排名第一的就是没有做成自己真正想做的事。很多人在生命的尽头回首这一生，才发现自己把太多的时间用来无意义的短时间的娱乐上——看肥皂剧，浏览无意义的网页或论坛，玩电子游戏，却没有在实现自己梦想的路上花费足够多的时间，做出足够多的努力。

反思我们自己现在的生活，是否能让自己在生命终结的时候免除这样的悔恨？

近两年，"拖延症"成为一个热词。人们沉溺在玩乐休闲的懒惰气氛中迟迟不愿开始为成功、为梦想而努力。常常看到有人发微博或发状态，说开了电脑大半天却一个字的论文都没有写，一点实质性的工作没有干。而就在这种无度的拖延和放松中，时间就被空耗，生命就被浪费，而与成功在无意识中又远离了一点。

有度的休闲玩乐，是高质量高效率人生的保证，而无度的玩乐放松，就是自甘平庸、玩物丧志的开始。

玩物丧志的故事出自《尚书·旅獒》："玩人丧德,玩物丧志。"

春秋时期,卫国第14代君王卫懿公特别喜欢仙鹤,整日与仙鹤为伴,到了如痴如醉的境地。他在宫殿内养满了仙鹤,给仙鹤打造高级豪华的车子,甚至比国家大臣所乘的还要高级。为了养鹤,他每年耗费大量的资产,引起大臣不满,百姓更是怨声载道。而沉迷于鹤的卫懿公早已丧失了进取之志,对于朝政也好,民情也好,都是不理不问。

公元前659年,北狄部落大举入侵,卫懿公任命军队前去抗战,然而将士们却气愤地说:"既然仙鹤的地位那么高,怎么不让仙鹤去打仗?!"卫懿公没办法,只好带兵御驾亲征。然而他的心久在鹤的身上,对行军打仗早已生疏。加之军心不齐,结果不仅军队惨败,自己也落了个马革裹尸的下场。

对于卫懿公的玩物丧志,古人有诗云:"曾闻古训戒禽荒,一鹤谁知便丧邦。荥泽当时遍磷火,可能骑鹤返仙乡?"

正是因为不懂玩乐的度,卫懿公丧失了进取之心,结果既丢掉了国家,又搭上了自己的性命。

不可过多地沉溺玩乐,只是有度玩乐一半的含义,也是广为人们熟悉和接受的含义,而其实有度玩乐还有另一半的含义。

有度,不只是说不能过度沉溺,也是说不能完全没有。玩乐有度,便是先要有玩乐,然后才要节制数量。

过去,当长辈说要玩乐有度时,更多的是劝解人们不要沉迷玩乐而误了正事。而在压力不断加大、生活节奏不断加快、加班熬夜成为人们生活常态的今天,有度玩乐,更是告诉人们,要花适当的时间来放松,才能更有效地工作。

在快节奏的现代都会中生活，我们的脚步是否都走得太快？我们有多久没有抛开竞争的压力、工作的烦恼、生活的琐碎，以宁静的心来赏一片春色？我们因在拥堵的交通中步履维艰而烦躁难耐，却看不到此时车窗外一朵月季开得正盛；我们为了在景点前留下纪念照而不耐烦地排着长队，却忽视了那百年前留下的石墙下的离离野花；我们看着电视中的男欢女爱你侬我侬，却想不到回家时给爱人带一朵鲜花，给爱人一个温暖的拥抱。

就这样，我们风风火火地在人生路上拼命向前，却忘了化一点时间静下心来欣赏沿途风景，于是我们错过了人生中的每一个春天，每一次花开，每一个幸福的笑脸。而我们却浑浑噩噩地以为，那些传说中的美好，从未在我们的生命中降临。

静下心来，停一停，听听花开的声音，看看飞鸟的身影，给爱人一点温暖，给孩子一点陪伴。这个焦躁的世界，这个繁忙的城市，都因这一点宁静，而有所不同。

一个年轻人每日忙于工作，没有时间来陪伴家人，放松自己，和享受生活。他觉得自己的人生十分苦恼，于是便跟一位禅师倾诉。

禅师听了年轻人的困惑，便对他说："你去把墙边那个最大的木桶提来，然后，把它装满石头。"

他很快就把石头装了进去，禅师问他："都装满了吗？"他点了点头说："都装满了。"禅师又指了指不远处的一堆沙说："那你再把那些沙子装进去，你看还能不能装下？"

年轻人拿着簸箕装起沙子往桶里倒，沙子果然顺着石头的缝漏了进去。这时禅师又问他："这回真的装满了？"他自信地回答："真的装满了。"

禅师没有说话，转身走进房门，舀出一瓢水说："那你再试着把水倒进去吧。"年轻人接过水瓢，慢慢地把水倒进了水桶，水很快就渗了进去。对着这只装满石头、沙和水的大桶，年轻人低头沉思，良久他恍然大悟，对禅师说："禅师，我明白了。"

人生就像这样一只桶。工作就是大石头，占据了我们生活的主要内容，而除此之外，如若没有其他休闲和乐趣来补充，那么我们的生命就始终装不满，始终有空隙和遗憾。但如果我们将玩乐作为主要的内容，先将沙子和水倒入桶中最后填入石头，那么能放下的石头就少了很多，我们人生的厚度也就减少了很多。

用适度的玩乐来充实你的人生，是善待自己，给自己增加感受幸福的机会。因为人在这个世界的时间真的很短暂，莫要等到年华老去才顿悟如何过好人生。在每一次适度的玩乐中，让自己的心灵得以放松，营造平静祥和的氛围，用自己的心去感受每一分钟的价值。只有这样，才能扫除工作中积压下的浮躁、压力，才能在休闲之后更好地投入工作。

在疲惫的时候，泡一杯花茶，看花在水中再次绽放。在空闲的时候，下厨为自己烧一桌好菜，然后在音乐声中享受美味佳肴……生活不光只有工作，只有适度休闲的点缀，才能让人工作得更有劲头，生活得更加幸福。

人生，需要一半的努力、一半的休闲，只有把握好玩乐的度和量，才能把握住工作的状态，才能最终获得人生的成功。

度，恰到好处的完美

关于人生智慧，有千条万条，但最重要的一条是凡事皆有"度"。

"度"是指事情都要保持在自己的限额之内，不可不足，也不可过剩。

如果把人比作水流，那么人生的目的就是大海。而水只有保持在零度到 100 度之间才能作为水向大海奔流，一旦过了这个度，要么变成蒸汽，要么凝结为冰。

人必须生活在适度的范围你才能掌握命运和获取自由。就像一根弹簧，在其弹性范围以内，怎样拉拽或压缩都行，而一旦超过了这个度，弹簧就无法复原。人亦如此。无论对工作还是对玩乐，无论是付出还是追求收获，一旦超过自己所应该承受的度，就只能平添烦恼，误入歧途。

人生的收获中，一半是获得，一半是节制地接受。只有这样才能保持生活的车辙滚滚向前示被无限度的索取压至倾覆。

度，是恰到好处的完美，是讲究分寸的谨慎，是注重方式的智慧。譬如说话，古希腊哲学家苏格拉底曾说："人有两只耳朵一张嘴，就应该多听少说，因为言多必失。"这便是说话的度。宋玉在他的作品中描写东邻美女的相貌："增之一分则太长，减之一分则太短，着粉则太白，施朱则太赤。"这就是美的度。对人怀仁慈之心，做事行善良之举，但不可像东郭先生一样去救狼，这就是善的度。

恰到好处才是美，正是古希腊哲学家柏拉图所说："美就是适当。"这个"适当"就是度。万事有度才能掌握自己的命运。如果万事不加节制，只能掉在欲望的旋涡里不见天日，沦为诱惑的奴隶。

俗话说"人心不足蛇吞象"，人心处于不满足的状态，就像蛇想一口吞掉一头大象一样，一个人如果放任无止境的欲望，拥有了还想拥有更多，就很容易迷失本心本性，招致身心之役，甚至一无所获。

　　这里有一个小故事，足以引人深思。

　　有一个农夫救了国王一命，国王为了报答农夫的救命之恩，于是决定赏给他一块土地。国王告诉他："明天从太阳升起的时候算起，你从这里往外跑，跑一段就插个旗杆，直到太阳落下地平线跑回来，你所插上旗杆的地都将归你。"

　　农夫身强力壮，跑步可难不倒他，一听到这样就可以得到土地，他高兴得手舞足蹈，心想："那我明天多跑一些路，这一天辛苦下来，岂不是可以圈很大一块地，我就可以一辈子享受这一大块地了，这个主意真是太棒了！"

　　第二天，太阳刚一露出地平线，农夫就迈着大步向前疾跑，他人拼命地跑啊跑啊，步子一分钟也没停下，太阳偏西了还不想回来，眼看着太阳快要下山了，他才开始着急，于是加紧了脚步，走斜路向起点赶去。

　　只差两步就到达起点了，但是农夫的力气已经耗尽，他上气不接下气，瘫倒在国王的跟前了，倒下的时候两只手刚好触到起点的那条线，这一瘫就再没起来。于是国王找人挖了个坑，就地把他埋了，说道："一个人要多少土地呢？其实就这么大！"

　　事例中的这位农夫，不懂凡事有度，无限制地想得到更多的土地，最后他就算得到了再多的土地，可是又有什么用呢？他把自己的性命都给搭了进去，没有了生命，再多的土地还有什么意义呢？只剩下了埋葬自己的那点土地。

因为不懂度，不知节制，原本是为了追求更好的生活，却反而丧失了一切。这样悲伤的故事在今天的社会中依然屡见不鲜。

听闻又有青年过劳而死，其母悲痛欲绝，不只是因为丧子，还因为当儿子多次表示想要辞职时，母亲都不同意，认为年轻人应该努力再努力，奋斗再奋斗。如今想起悔恨无比，却为时已晚。这便是不知有度而劳造成的惨剧。

也在新闻上看到，有大学生连续打网游几天几夜，竟然猝死在电脑前。原本是学习之余的放松活动被无限扩大，将人的理智都吞噬，最终连生命也搭了进去。这就是不懂有度而逸的悲剧。

俗话说"祸莫大于不知足，咎莫大于欲得"，人生最大的灾祸就是不知足，最大的过失就是贪婪。那些生活中的智者懂得这一点，所以他们面临五彩缤纷的诱惑时，总是能够守住自己的内心，掌握好事情的度，如此才能掌握自己的命运。

庄子游走到大山中，见一棵大树树枝粗壮，枝繁叶茂，但伐木的工人却绕开它而不砍伐。庄子很好奇，就问那伐木工原因。

伐木工回答，因为这棵树"无所可用"。

庄子于是感叹道，正是因为这棵树不成材，所以才幸运地得意安享天年，否则它早就被人们砍掉了。

离开山后，庄子去拜访了一个朋友。朋友看到庄子前来十分高兴，于是让妻子杀鸡来欢迎他。

妻子问道："有两只鸡，一只会打鸣，另一只不会，杀哪只呢？"

庄子的朋友回答："杀不能打鸣的那只。"

后来庄子将这两个故事将给弟子们听，弟子问庄子道："昨天山里的树木因为不成材而可以尽享天年，今天主人养的鸡却因为不成材而被杀了吃，那么先生您认为应该处在什么位置才对呢？"

庄子笑着回答："处在成才与不成才之间。"

成才是一个极端，无用是另一个极端，太聪明的，譬如杨修，终因为太过招摇而不能自保；太昏庸的，比如玩物丧志的卫懿公，也只能为自己的无用付出代价。庄子选择了位于有用和无用之间，这就是一个聪明的度。

人的能力是成功的一半，而另一半就在于如何有度地发挥自己的能力。只有掌握好这样的度，才能不被才华所累。

当今时代，面对错综复杂的大千世界，面对来自方方面面的种种诱惑，我们如何才能警策和把握住自己呢？答案是掌握住度，不激进，不保守，不被欲望驱使，也不浑浑噩噩无所作为，不一味工作，也不一味休闲。我们若能真正恒久地坚守并践行之，就能不为非分之欲所迷惑，就能做到心灵圣洁不贪欲，做一个大气稳重的谦谦君子。

"一滴油"的自制力

古人云，心浮则气必躁，气躁则神难凝。浮躁，是成功的天敌。一个浮躁的人，必然缺乏凝神聚魂的定力，缺乏拼杀搏击的勇猛。心生浮躁之气，心神不宁，躁气附身，如此坐立难安，哪还有谋事之心、立业之志？

比如，做学问的不愿沉下心搞研究，盼着买到一张百万彩票，撞上天上掉馅饼的美事；当作家的不甘心、不愿意孤独地埋头写作，希望能侥幸一夜之间成为名人……

可见，浮躁是一种虚浮的心理状态，人一旦心不稳，气不沉就会被社会的急流所挟裹，变得盲目、浅薄和暴躁，结果只能是失去自我、本我和真我，混淆人生方向，在无尽的忙乱中消耗宝贵的生命。

自制力，就是要能在这浮躁的环境中守得住内心的安宁和坚定，能对虚饰浮华毫不动摇地说不。

自制力其实是我们任何人都不可或缺的人格力量。历史表明，自律的精神在追求卓越的过程中扮演了重要的角色，造就了一个个光辉的形象。唯有自制力，才能把自己引导向最光明的王国。

美国有关组织曾经作了这样一个调查，在一所幼儿园中，他们给每个孩子发了一些糖果，并告诉孩子们，这糖是发给他们吃的，但是最好今天不要吃，如果能等到明天再吃，就可以再奖励两颗糖，要是等到后天再吃的，就能奖三颗糖。结果有的孩子当天就吃了，有的孩子等到了第二天，极少数的孩子等到了第三天才吃。等到孩子们成长到中年后，调查的结果显示，那些自律程度越高的孩子，事业的成功率也就越高。

如果说我们在生活和工作中日积月累所养成的习惯、惰性和放任，之所以没有成为主宰我们自身的主宰，反而被我们所制服，正是因为我们运用了自制力。换句话说，具备这种能够抵制、克服各种诱惑的能力，正是我们自身所具有坚强意志的最佳体现。

确实，自制可以使任何事情，都能保持正确的方向、良好的动机，并且运行于理想的轨道上。而相反地，如果缺乏自制力，不能对诱惑说不，那么就永远无法成事。

在公元 14 世纪的国外，有一位名叫罗纳德三世的贵族。他才智过人，是祖传封地的正统公爵，但后来被弟弟推翻并关押在牢房里。这个弟弟认为留他活口对自己而言，无疑是徒增麻烦，但又不想亲手杀死哥哥，于是便想出了一个绝妙的办法。

弟弟在将罗纳德三世关进牢房之后，下令将原来的牢门改装得比以前窄一些，还下令守门人把锁撤掉。为什么要这么做呢？门没上锁，难道他不怕哥哥逃走？原来，罗纳德三世身高体胖，当牢门变窄了之后，就算不上锁，他也出不了牢门，无法脱逃。

除此之外，弟弟还向哥哥承诺，只要他能够走出牢房，那么不但能够重获自由，还可以无条件恢复原来的爵位。

这听起来很冒险吧？但是弟弟对于这个绝妙好计，可是相当有把握的。

在改了牢门，拆了门锁之后，弟弟每天都会派人送丰盛的美味佳肴给哥哥享用。罗纳德三世虽然明明知道，只要自己能瘦下来，自由就在不远处，但是，知道是一回事，执行又是另一回事。罗纳德三世根本禁不住美味的诱惑，每天仍旧大吃大喝，结果非但没有瘦下来，体重反而变本加厉地直线上升。最后，他被困死在牢门没有锁的牢房里。

可以说，故事中的罗纳德三世是被自己害死的，死因是缺乏自律！

要主宰自己，并主宰自己的命运，必须对自己有所约束、有所克制。如果缺乏自制力，就像是汽车缺少了方向盘和刹车，很难避免犯规、闯祸，甚至发生撞车、翻车等意外。想要避免意外的发生，最最基本的做法当然就是培养自制力。

是的，人要学会控制自己，不要放任自己，更不该使自己迷失于懒惰和贪玩之中。自我约束就等同于自我提升。任何一个人自从成年起，都到了为自己做决定、为自己负责的年龄。如果你还学不会控制自己，将来有一天，只怕你将会置身于自掘的坟墓中哀叹，你将无力推开堵住坟墓出口的岩石。现在，你必须果断起来，好好学习，确定自己人生道路的方向。这样，你才能让生活安定，不再像秋风中的落叶一样飘忽不定，过着漂泊的日子。

大部分年轻人喜欢随心所欲，凭一时的兴趣行事。然而，我们能享受到的生活乐趣，和所拥有的功成名就，都源于凭借自身自制所做出的调整与转变。如果你能够趁着年轻力壮、精力充沛的时候，学会自制，并让自制伴随参与你的整个人生，幸福、愉快和欣慰将能够持续长长久久。

生活总是赏赐那些在浮躁世间能以自制力静下心来安定工作的人。

许多年前，美国兴起石油开采热，一个雄心壮志的青年人在一家石油公司找到了工作。他的工作很简单，甚至连小孩儿都能胜任——在生产车库，装满石油的桶罐通过传送带输送至旋转台上，焊接剂从上方自动滴下，沿着盖子滴转一圈，作业就算结束，油罐下线入库。从早到晚，日日如此。

这是一份简单而枯燥的工作，很多人做一段时间就觉得烦躁而不愿再做了。但这位青年人并没有辞职，他靠着过人的自制力每天都认认真真、全心全意地工作，干得不亦乐乎。

时间长了，他发现在机器上百次重复的动作中，罐子旋转一次，一定会滴落 39 滴焊接剂，但却总会有那么一两滴没有起到作用。于是他想，如果能将焊接剂减少一两滴，这将会节省不少。经过仔细研究后，青年人研制出了"37 滴型焊接机"。但是这种机器在运作时会有漏油的现象，于是他很快又研制出了"38 滴型焊接机"。这样，公司每焊一个石油罐盖，便会节省一桶焊接剂。虽然每个盖子节省的只是一滴，但正是这"一滴"却给公司带来了每年 5 亿美元的新利润。

这个青年人就是日后掌控美国石油业的石油大亨——约翰·戴维森·洛克菲勒。

尽管工作相当枯燥无聊，又极其简单，但约翰·戴维森·洛克菲勒没有灰心失望，急于求成，能应付就应付，能推诿就推诿，而是以强大的自制力用心做好手头工作。正因为此，他做出了不俗的成绩，获得了众人的钦佩。

在我们的日常生活工作中，自律能够给我们带来快乐和健康。在家庭里要负起家庭的责任，不负责的人家庭一定不会和谐，心情一定不会舒畅；在公司不自律的人领导厌烦他，同事鄙视他，他本人也会极度忧郁。不快乐的人、不舒畅的人、忧郁的人是不会健康的。

自制力让我们有才而不乱用，有智而不尽显。一个缺乏自律的人，总是口无遮掩，行无规矩，随心所欲，最终只能自己吃亏，甚至自取灭亡。要把自律的生活方式当成目标。像具有高度自律的成功人士学习，你会发现自律不能只是偶尔为之，它必须成为你的生活方式。培养自律最佳的方式是为自己制定系统及常规，特别是在你视为重要的、需要长期的成长及追求成功的指标项目上。

毋庸置疑，人类历史上，接二连三的耀眼成果，就是自律、行动力与决心的最佳表现。例如，在中国历史上，无数仁人志士追求科学、追求真理、追求光明、追求当代的繁荣富强，而伴随着这些追求的实现，他们都造就出了不同凡响的成果，为全人类留下了宝贵的文化遗产，造福人类的同时也为自己创造了精彩，他们的名字也将被永远刻在历史的丰碑上。

接受一半的诱惑，节制一半的欲望

桃花源的宁静生活是多少中国人心中的向往。可是现实中，每个人却都忙得焦头烂额，步履匆匆。"忙"，成为人们口中最常用的借口，因为忙，顾不上休闲；因为忙，顾不上和亲人沟通；因为忙，没有时间静下来欣赏一朵花开。

静下心来，端详世界，多么简单美好的心愿，却因为"忙"而无从实现。

我们忙着追求各种诱惑、金钱的诱惑、地位的诱惑、名利的诱惑。就在这诱惑的"忙"中，我们早已不自知地成为了欲望的奴隶。

"无欲则刚"，善哉斯言！它揭示了一个道理："无欲"是前提，"刚"则是结果。只要去除私欲，就能无所畏惧；无所畏惧，就能一身正气，刚直不阿。诱惑面前，守正而行，这是一种坦坦荡荡的大气，一种超然物外的自在，正可谓"无欲自然心似水"，"无求胜于三公上"。

在《菜根谭》中，舍弃了功名利禄，归隐山林，洗心礼佛的明人洪应明在静修禅悟之后，对人生之"欲"进行了一番精辟论述："人生只为欲字所累，便如马如牛，听人羁络；为鹰为犬，任物鞭笞。若果一念清明，淡然无欲，天地也不能转动我，鬼神也不能役使我，况一切区区事物乎！"

诚然，诱惑和欲望都是必要的。如果人没有欲望，那么花园不会再被浇灌，公园不会再有欢声，果实也不再甜美芬芳。正是因为我们有那么多的欲望——对美的欲望，对快乐的欲望，对食物的欲望，才有了这个斑斓世界。然而欲望一旦扩展，当每一朵花都被标明价格，当公园每一寸土地另收门票，当果实被各种化学药剂催熟催大，所有的美好便都荡然无存了。

成功，就是要接受一半的诱惑，追逐一半的欲望，而拒绝另一半的诱惑，节制另一半的欲望。

有一家公司，在城市偏僻的地方买了一块地皮，由于价格低廉，公司老板非常满意。

老板买完地皮之后就开始投资建造一座豆奶加工厂，他认为这是一个低投入高回报的行业，自己一定能成功。但是事与愿违，公司从兴建伊始就开始亏损，远没有当初计划得那么好。但是公司老板不愿意放弃，继续投入了几十万资金。他相信，过不了多久，公司就会峰回路转，实现预计的盈利目标，可没想到几十万又打了水漂。

老板认为是公司设备不够先进，影响了生产效率和质量，又投入了 80 万元引进了德国的高端生产设备，但是理想和现实有巨大的差距，公司仍然在亏损。

豆奶市场在当地已经很饱和了，而他的公司又是一家新兴公司，根本没有品牌竞争力。但是公司已经投入了 100 多万元，管理者想要放弃，却又不甘心自己的努力付之东流，于是又投入了 300 万元，希望可以置之死地而后生，但是投资依然是泥牛入海，一点成效都没有……

最后，老板为了豆奶公司倾家荡产，没有赚到一分钱，令人扼腕叹息。

诱惑攀升的时候，我们要冷静下来，及时给自己降温，这样，我们才能保持冷静，才能定力非凡地去处理棘手的事情。

无欲则刚，这一成语出自《论语·公冶长》。孔子说："我没有看见刚强的人。"有人马上问他："您的学生申枨怎么样？"孔子说："枨也欲，焉得刚？"说申枨的欲望那么多，怎么能够刚强呢！从字面上的理解，没有欲望，你就是一块钢。言下之意，如果没有欲望，那么你就像一块钢板一样刚强密实无缝，无懈可击。我们常说无所求的人最难对付，就是这个道理。

诱惑无处不在，引得我们在自己的人生中处处追求，处处奔波，结果像狗熊掰棒子一样什么都没有得到。正确地对待诱惑，我们要懂得"半"字哲学，坚决地剪除一半对我们无益的，或是代价太大的诱惑，而去专心于我们内心所真正想要的。只有这样，有舍才有得，我们才不会被诱惑所俘虏以致劳心劳力却不懂休息，结果到生命结束才叹息从未好好珍视过生活。

　　一个年轻人从千里迢迢的山上来到海边。他驾一叶轻舟扬帆出海，披恶浪、战狂风，鞋子破了，手也受伤了，流血不止，嗓子因为长久的呼喊而沙哑，但还是没能达到自己的目的地。

　　有一天，年轻人靠岸休息时遇见了一位智者，便悉心求教："大师，我是那样地执着、坚强，长期跋涉的辛苦和疲惫难不住我，各种考验也没有吓倒我。我已疲惫到了极点，但是为什么还到不了我心中的目的地？"

　　智者看了看他背后的大包裹问道："你的包裹里装的是什么？"

　　年轻人回答："里面有我生活必需的生活用品，有我每一次跌倒时的痛苦，每一次受伤后的哭泣，每一次孤寂时的烦恼，还有沿途获得的珍宝……靠了它，我才有勇气走到这里。"

　　智者听完安详地问道："你的力气实在是太大了，你一直是扛着船在赶路吧？"

　　年轻人很惊讶："扛船赶路？它那么沉，我扛得动吗？"

　　智者微微一笑，说："你从那么远的地方，负了那么一大堆东西来，岂不有力，不就如同扛了船赶路吗？过河时，船是有用的，但过了河，就要放下船赶路呀，否则它会变成我们的包袱。"

　　听完智者的话，年轻人顿悟，他把那个包袱放了下来，顿觉心里像扔掉一块石头一样轻松，他发觉自己的步子轻松而愉悦，比以前快得多，目的地近在咫尺。生命原来是可以不必如此沉重的！

　　这正如日本政治家德川家康所说的一句话："人生不过是一场带着行李

的旅行，我们只能不断地向前走。在行走的过程中，要想使自己的旅途轻松而快乐，就要懂得在沿途中抛弃一些沉重的包袱。"

就是因为我们想抓住每一个诱惑，所以我们把遇到的一切都狠狠塞进我们背包中。我们本已不堪工作的重负，却还接受周末的兼职赚一点外快；我们本已承受了经济的重压，却还要趁着折扣购买我们负担不起的大牌；我们本就感叹没空陪伴家人，却还要安排和客户的应酬……所有的利益我们一丝一毫都不愿放弃，所以我们总说"忙"，总说"不是我不想静下来享受生命，可是我哪儿有时间啊"。

如果你希望自己的人生旅程是快乐的、轻松的，那么就应该学会放弃生活中一半的诱惑，少加一次班，少赚一点钱，少追逐一点功利，将空出来的时间用来放松和休息，让安逸和劳碌在生活中有序交织。

每个人的生命负荷都是有限度的，人生道路上太多的诱惑只会将我们原本应鲜美多汁的生活压榨成一颗挤干的柠檬，只能被早早丢入垃圾箱中。而这样的人生，也只能是一场低头向前的苦役。只有适当地放下那些不值得背负的东西，才能轻装上阵，劳逸结合，如此才能有使不完的精神头。

勤有功，戏无益，选择正确的爱好

古人说："勤有功，戏无益。戒之哉，宜勉力。"意思是勤奋就会有所成就，老是嬉戏玩耍就没一点好处。要以这句话为戒，时时提醒自己应该努力、尽力。

不积跬步，无以至千里；不积小流，无以成江海。哈佛的一位教授经常对自己的学生说："那些取得了较大成就的人，并不是一开始便居于高位，也不是有一步登天的本领，而是他们懂得控制住浮躁情绪，通过勤奋的行动，一步一个脚印地向前迈进。"

哈佛有一个著名的理论：人的差别在于业余时间，而一个人的命运决定于晚上 8 点到 10 点之间。每晚抽出 2 个小时的时间用来阅读、进修、思考或参加有意的演讲、讨论，你会发现，你的人生正在发生改变，坚持数年之后，成功会向你招手。这个理论表达出最重要的核心在于：只要你比别人更勤奋，就更能创造奇迹，获得成功。

人人都愿意做一个仰望天空的人，追求美好未来的人，然而仰望天空的前提却是脚踏实地，勤奋地付出。勤奋，是要端正心态，清楚地认识到自己所处的境况，要能正视和接受自己所面临的问题，要把根深深地扎进土里，然后再向上延伸；是要有颗可以阻挡欲望诱惑的正心，一颗可以不为物欲横流的外界所动的正气凛然的心。若心不端正，总幻想着彩票中奖、嫁入豪门之类的捷径，到头来人生只能是黄粱一梦。

聚沙成塔，积少成多。许多人都忽略了这样简单的道理，一心只想一鸣惊人，而不去勤奋努力地工作，等到忽然有一天，看见比自己开始晚的人，比自己天资笨拙的人，都已经有了可观的收获，才惊觉自己浪费了时间，才叹息自己不够勤奋。

成功不会从天上掉下来，只有端正心态，不奢望天上掉馅饼的美事，勤勤恳恳兢兢业业日复一日的汗水付出才能浇灌出果实。若心不正，总想着偷懒讨巧走捷径，即使暂时可以获得侥幸的成功，长此以往，也难以保住成功的果实。

两个毕业生同时进入一个高中当地理老师，他们虽是名牌大学的高才生，但能进入本市重点高中执教，都觉得很幸运。

其中一个靠着自己扎实的学识受到学生的欢迎和校方的认可，他认为自己苦读十几年，终于有了稳定的工作，可以停下来歇一歇，一辈子做个有待遇有假期的高中教师。

另一个人也有同样的好评，不同的是，在教课的同时他继续学习自己的专业，每天都捧着外国学者的大作啃到深夜，随着知识的丰富，他讲课越来越好，连连升职，并在两年后申请了国外的一个名牌大学去读研究生。

世界上没有天生的懒汉，每个人都有梦想，都曾为自己的梦想努力。但是，有的人只能停在某一个地方，过一种固定的生活，他们认为自己的梦想实现了，维持现状最好，不想多走一步路。这个时候，他们的梦想不是实现了，而是停止了。再过几年，当他们发现自己的境况不如曾经与自己站在同一起点的人，才意识到自己的梦想倒退了。

而勤奋者不会为梦想设定界限，他们不会对自己说"已经够了"，而会鼓励自己"再好一些"。他们把追逐梦想变成了一种常态，一直是现在进行时，而不是过去完成时。他们的目光永远看向前方，所有成就都可以放在身后。

他们总是不放松任何一秒时间，就算不知道机遇何时到来，却早已做好万全的准备，随时能让生命又一次飞跃。

成功没有捷径，想要成功，就必须端正心态，用日复一日年复一年的努力来砌筑通向成功的阶梯，只有这样获得的成功才根基稳固，才不会轻易就一日倾覆。

所以，你要想获得成功，就得努力提高自己。一分耕耘，一分收获，任何有所作为的人，无不与勤奋有着一定的关联。

曾有人问李嘉诚成功的秘诀，李嘉诚讲了这样一则故事，曾有一位从事推销行业的新人，问日本"推销之神"原一平的成功推销秘诀的是什么，原一平当场脱掉鞋袜，对他说："请你摸摸我的脚板。"

这位新人满脸疑惑地摸了摸对方的脚板，十分惊讶地说："您脚底的老茧好厚呀！"原一平说："因为我走的路比别人多，跑得比别人勤。"新人略微沉思后，顿然醒悟。

李嘉诚讲完故事后，微笑着说："我没有资格让别人来摸我的脚板，但可以告诉你，我脚底的老茧也很厚。"当年李嘉诚每天都要背着样品的大包马不停蹄地走街串巷，从西营盘到上环再到中环，然后坐轮渡到九龙半岛的尖沙咀、油麻地。

李嘉诚说："别人 8 小时就能做好的事情，如果我做不好，我就用 16 个小时来做。"

李嘉诚早先在茶楼当跑堂，拎着大茶壶，每天 10 多个小时来回跑。后来当推销员，依然是背着大包一天走 10 多个小时的路。李嘉诚的脚和未必没有原一平的厚。

勤奋是成功的根本、基础、秘诀。没有勤奋，即使你天赋奇佳，也只能碌碌无为一生。任何一项成功都不可能唾手可得。因此，人应当在年轻的时候就培养"勤奋努力"的习惯。

人生道路上，想达到的目标越高，沿途的艰险就越多，这并不奇怪。成功的道路倘若平坦，人人都是成功者。事实上成功的道路往往是一些别人不愿意走的小路，或者遍布荆棘的荒滩野岭，谁愿意涉足这种地方？而有些人却坚信沿着这条路会发现宝藏，一路上他们不畏辛苦，也不计算得失，只想走得更远、看得更多，他们追求的东西也许是有形的，但在他们心里，有一种比有形理想更高的东西：这就是对梦想的坚持，对信念的坚守。

勤奋，并不是说不要休息，而是在人生的上升阶段和积累阶段用相比于休息更多的时间来努力。让"勤"，而不是"戏"占据人生的主旋律。只有这样勤奋中的短暂休息，才更有逸的价值。只有如此，才能在劳逸之间，保持半生不减的精神气。

第三篇

美酒饮教微醉后，好花看到半开时

酒足饭饱固然好，但微醉时刻往往更为美妙；花开绚丽固然美，但未全开时才更令人期待。由此可以说，真正的美好不是满满当当，而是恰到好处的适度。为人处世，不贪、不狂也不痴，行走间，便已写下风景无数。

第七章
不过求，凡事够了就好

前进的路上，即使没有莺歌燕舞，也最好不要有坎坷和挫折。然而实际上，这是不可能的。人生在世，谁都逃脱不了这份"幸运"。不过，我们可以改变自己对于挫折的态度，它才是决定我们对于挫折如何看待的关键。

真刀真枪才能走得长久

人生的追求和积累，无非外积财富，内修品德。财富、品德各占人生一半意义，却是缺一而不可。

我们经常说，君子爱财取之有道。这就告诉我们，不可为了那外在钱财有损内心的品德。做生意时有些钱财能动，而有些钱财则是我们万万不可去触碰的。一旦我们碰了那些不该碰不能碰的钱财，我们就在生财路上走了弯道，误入歧途了。

那么，究竟哪些钱财才是我们不能动的呢？有人会说：不义之财。之所以叫它不义之财，就是因为我们得到它的手段不光明正大，也就是说它的来路不正当。一般情况下，很多理智的人都不会接触这些不义之财的。毕竟，想把自己的生意做好，光明正大，真刀真枪才能走得长久、走得稳。

但是，并不是每一个人懂得这个道理。看到不义之财，他们的心绪早已混乱，因此不免感情用事、铤而走险。表面上看，他走上了一条捷径，取得了一些让人眼馋的可观收入，但是从长远看，他那种小手段早晚会被人识破并吃大亏。

不久前，冯先生失业了。失业之后，冯先生努力找工作，但是都不理想。无奈，他最后选择开一家小烟酒店。虽然，店面不大，但生意还算不错。但是，冯先生对此并不满意，他一直想想点法子赚大钱。

有一天，冯先生路过一家二手市场。在市场边上，他看到有几个中学生打扮的青年举着牌子在吆喝着什么，于是他就走过去想看看。一看才知道，原来牌子上写的是"低价兜售高等香烟"。冯先生一问各种香烟价格，发现都比自己进的香烟价格低出很多。

凭借着自己做烟草生意的经验，冯先生立刻意识到：这批烟一定有问题。于是，他上前开始套话。果然不出所料，几个中学生在交谈时无意中说出了这些香烟的来历——偷来的。

冯先生想："从这里进烟，我的成本就会降低很多！我可不想有钱不赚，这可是个好的生财渠道啊！"于是，冯先生买下这些学生兜售的所有香烟。同时，他还和那几个卖烟的中学生达成协议，以后只要有货，就马上联系他。

就这样，冯先生通过降低了成本，而获得了高额的利润。每天，冯先生都沉浸在赚钱的喜悦里，为自己的聪明而沾沾自喜。然而，好景不长，那几个中学生因为盗窃香烟被抓了，他们在拘留所里供出了冯先生替他们销赃的事。于是，公安机关的人就将冯先生带到警局查问。最后，因为数量不是很大，冯先生就被罚款拘留了几天，然后放了出来。

本来，冯先生想"洗心革面，重新做人"，可是，没曾想大家都知道他偷买学生们偷来的香烟这件事了，都说他什么钱都敢赚，不讲道德。这样，一传十，十传百，大家都不光顾他的小烟酒店了。这样没过多久，他不得不关门大吉了。

"不义之财不能动"是一句劝诫世人的箴言，不听就要倒大霉！像冯先生这样，耍小聪明，偷买学生偷来的香烟赚钱，最终还是落得个罚款拘留、关门大吉的下场。做生意可以动脑子，但是不能动歪脑子。人一旦动了歪脑子，就会生邪念，做错事，后果不堪设想。

很多人因为急功近利，一时被金钱蒙蔽双眼，而丧失理智，做出一些非法的勾当。比如，在生意场上投机倒把，在产品质量上以假充真、以次充好、缺斤短两，这些行为从一时来说是帮他们占到了小便宜，赚到了钱，但是，从长远看，没有人愿意和不实在、不讲道义的人做生意的。毕竟，谁也不是傻子，会愿意天天去跟一个糊弄自己的人打交道。

浮生一梦，虚名浮利终是空

鲜花和掌声是成功的附属品，而这些不切实际的荣誉的确能在不同程度上满足一个人的虚荣心。然而，当我们幻想着手捧花环、万人簇拥的时候，又可曾想到，没有辛勤的汗水，再怎么追捧吹嘘，也不可能换来丰收的果实。唐代著名道士吴筠有言："虚名久为累，使我辞逸域。"我们的累，很多时候，是因为追逐那些无谓的虚名浮利。

人们总渴望着名利双收，已拥有的地位不懂珍视和享受，却急于追求更多的名利。却不知，花开到尽头便是谢，人生的诸多欲望，满足一半便是幸福。

美国文化精神领袖爱默生曾告诫年轻人，幻想成功、追求名誉无可厚非，但更重要的是脚踏实地的精神。他说："当一个人年轻时，谁没有空想过？谁没有幻想过？想入非非是青春的标志。但是，我的青年朋友们，请记住，人总归是要长大的。天地如此广阔，世界如此美好，等待你们的不仅仅是需要一对幻想的翅膀，更需要一双踏踏实实的脚！"

一位自称是诗歌爱好者的乡下小伙子特意登门拜访年事已高的爱默生，说明自己从小就开始诗歌创作，只因地处偏远，一直得不到大师的指点，因仰慕爱默生的大名而千里迢迢前来求教。

爱默生看到这位青年虽然出身贫寒，却谈吐优雅、气度不凡，便热情地招待了他。老少两位诗人谈得非常融洽，其间青年把自己的几页诗稿递给爱默生。一阵沉默后，爱默生认定这位乡下小伙子在文学上将会大有作为，决定凭借自己在文学界的影响而大力提携他。

果然，爱默生将那些诗稿推荐给文学刊物发表，并希望小伙子能继续将自己的作品寄给他。于是，老少两位诗人开始了频繁的书信来往。

青年诗人的信一写就长达几页，大谈文学，辞藻华丽，激情洋溢。这让爱默生对他的才华大为赞赏，在与友人的交谈中经常提起这位青年。青年诗人很快就在文坛中有了一点小小的名气。

但此后，这位青年再也没有给爱默生寄来诗稿，而信却越写越长。奇思异想层出不穷，言语中开始以著名诗人自居，语气也越来越傲慢。爱默生开始感到了不安，凭着对人性的深刻洞察，他发现这位年轻人身上出现了一种危险的倾向。通信一直在继续，可爱默生的态度逐渐变得冷淡，转变成了一个倾听者。

后来，在一次秋天的文学聚会上，老少两位诗人又一次相遇了。爱默生询问年轻人为何不再寄诗稿了。

"我在写一部长篇史诗。"青年诗人自信地答道。

"你的抒情诗写得很出色，为什么要中断呢？"

"要成为一个大诗人就必须写长篇史诗，小打小闹是毫无意义的。"

"你认为你以前的那些作品都是小打小闹吗？"

"是的，我是个大诗人，我必须写大作品。"

至此，爱默生有些惋惜，又有些无奈，只说了一句"我希望能尽早读到你的大作"，便没再理会年轻人。

青年诗人完全没有听出爱默生的无奈，而是很自傲地说："谢谢，我已经完成了一部，很快就会公之于世。"

在那次文学聚会上，这位被爱默生所欣赏的青年诗人大出风头。他逢人便侃侃而谈，锋芒逼人。虽然谁也没有拜读过他所谓的大作品，但几乎每个人都认为这位年轻人必成大器，否则，他怎么会得到大作家爱默生如此的赏识呢？

但事实是，在那年的初冬，爱默生收到了这个青年诗人的最后一封信，终于承认了之前畅想的所谓大作品，完全就是子虚乌有之事。他在信中写道："很久以来，我一直都渴望成为一个大作家，周围所有的人也都认为我是一个有才华、有前途的人，当然我自己也一度是这么认为的。我曾经写过一些诗，并有幸获得了阁下您的赞赏，我深感荣幸。使我深感苦恼的是，自此以后，我再也写不出任何东西了。不知为什么，每当面对稿纸时，我的脑中便一片空白。我认为自己是个大诗人，必须写出大作品。在想象中，我感觉自己和历史上的大诗人是并驾齐驱的，包括尊贵的阁下您。在现实中，我对自己深感鄙弃，因为我浪费了自己的才华，再也写不出作品了。"

从那以后，爱默生就再也没有得到过这位青年的任何消息。

青年诗人为了满足虚荣心，一味苦苦地追求大诗人的头衔，却又不想脚踏实地地付诸努力，终究一事无成。可见，虚名只是一种无谓的追逐，它不但不可能把我们向成功的道路上指引，反而会让人堕入歧途。

诚然，几乎没有人不喜欢听好话，被颂扬。那种如沐春风的幻觉让我们越来越不切实际地希望自己被拍成电影，画成油画，夹进书里，裱在先进典型的框里，千古流芳。但是，浮生一梦，须臾而逝；我们只不过是"沧海一粟"的过客。每个人离去的时候，身前身后的名声都将随即飘落。

如果一个人热衷于虚名的追求，那么他对于影响的关注就远远胜于事物的本身，终究会应了那句"图虚名，得实祸"的老话。虚名，终究是一个晃人眼的光环，一时耀眼却无法触摸，又何必为了一个没有实质意义的"虚头彩"而沉陷为名誉的奴隶？

名誉只可在手中暂时把玩一下，却不能作为一生的追求，不然只能臣服于虚名之下，却失了生活的乐趣。

对名利的渴望出自人的本性，然而好花赏到半开时便是最好的境界，否则，便只能在对凋谢的不安中度日。名利更是如此，人的欲望满足一半便是最美，再多，便只是患得患失的恐惧，和百无聊赖。

如此，就不要再等"虚名白尽人头"的时候才痛心于那些光环、泡沫的破碎。悠长岁月，纵有琐事烦俗，纵有劳碌奔波，也都不妨以洒脱之态淡然处之。简简单单地直面所有的来临和结束，闲看庭前，漫观天外。看淡虚名，一些更实在的东西才能被我们把握。把"虚名拨向身之外"，无论浮华与劳碌，都保持一种恬淡悠然的心境。在这样的土壤中，性情才会被陶冶得如菊花般幽香，生活才会越过越洒脱。

放空，才会收获一份轻松

名利心与生俱来，人一生下来就面对一个灯红酒绿、五彩缤纷的世界。如不能放下名利，人们会在"人比人气死人"的心理下产生忌妒；在蝇头微利面前言不由衷；在逢迎拍马中殚精竭虑；为一得而忘乎所以，为一失而灰心丧气……有了这种名利物欲之心，你富了，还会"得一千，想一万"；你名利双收了，还会"昨怜薄祆寒，今嫌紫蟒长"；宫道无缘，你会诅咒命途多舛；宏图受阻，你会哀叹力不从心……从而使你陷入心力交瘁的泥潭而郁郁寡欢。

有一个富翁背着许多金银财宝，到处去寻找快乐，可是找了很久都未能找到他想要的，于是他沮丧地坐在山道旁。

一农夫背着一大捆柴草从山上走下来，富翁拦住农夫问："我家财万贯，衣食无忧，请问，为何我没有快乐呢？"农夫放下沉甸甸的柴草说："你想要快乐？很简单，放下！"

富翁茅塞顿开：自己背负那么多的珠宝，老怕被人暗害，珠宝被别人抢，整日忧心忡忡，快乐从何而来？于是富翁将珠宝、钱财救济穷人。在他看到那些穷人快乐生活时，他从中尝到了快乐的味道。

人生的负荷是有限的，生活便是一个筛选的过程，不能将看到的每一件东西都放进自己的背篓中，否则只能不堪重负。须得放下一半才担得起另一半。

放下名利物欲之心，你就能"不以物喜，不以己悲"，并拥有"宠辱不惊，看庭前花开花落；去留无意，望天上云卷云舒"的豁达，从而成为自己心灵的主宰，去自由自在地塑造你的心境。

人只有让自己的潜质得到最充分的发挥，他的人生才会变得丰厚起来。英国化学家法拉第早年投身到戴维主持的皇家研究所做研究员，做些杂务工作。正当法拉第在化学领域勤奋耕耘并频频取得成绩时，戴维劝导法拉第去做行政管理工作。法拉第断然拒绝，并继续从事他的研究，最终在该领域一枝独秀。他说："如果我去从政，我充其量只是别人的幕僚而已。我的潜质告诉我适合从事哪种工作，我不能不珍惜。"是的，一个成就大业的人，首先应该是一个了解自己、懂得珍惜的人，是一个懂得"放下"的人。

很多人利欲熏心，陷入你争我夺的境地，快乐从何而来？他们往往一整天心事重重，做梦都半夜惊醒，老疑神疑鬼，阴翳不开，快乐又怎么会与你有缘？放下就是快乐，拨开云雾，卸下心灵的枷锁，在平平凡凡的生活故事中，你将体会一种轻松如风、畅快淋漓的感动。

其实，每天发生在我们生活周围的很多悲剧，往往就是无法放下自己手中已经拥有的"东西"所酿成的：有些人不能放下金钱，有些人不能放下爱情，有些人不能放下名利，有些人则是不能放下不应该执着的执着。然而，如果你能够领悟"放下"的道理，你将会有一种如释重负的感觉。因为只有懂得放下，才能掌握当下，心中的那扇天堂之门才会为自己敞开。

不放下一半的应酬，又怎能腾得出一半的时间来陪伴家人；不放下一半的想入非非，又怎能腾得出一半的精力来脚踏实地；不放下一半对功名利禄无止境的追求，又怎能腾得出一半的胸怀来纵览天地，游目骋怀，洒脱豁达，进而幸福快乐呢？

放空是一种心态、一种精神，更是一种品格、一种境界。放空了自我，才能想到别人；放空了个人，才能想着国家和人民；放空渺小和卑劣，才能赢得伟大与崇高。因此，放空，也是一种智慧，一种幸运。放空，才会收获一份轻松。

祸莫大于不知足，咎莫大于欲得

宋代词人辛弃疾有一句名言："物无美恶，过则为灾。"拥有本该是一种原始而简单的快乐，但拥有得过多了，就会失去最初的欢喜，变得患得患失。

叔本华说："人总是得不到就无聊，得到就痛苦。"如此想来，人生最好的状态应该就是已经得到一半，仍在追求一半，退可享其成，进可追其梦。如此的人生便是一半的满足、一半的期待，怎能不让人喜悦？

过多的欲望也许从短期的表面上来看，的确得到了一些；但事实上，从长远的发展来看，最终得到的都不会很多。想来，人之所以活得疲累，不是因为使之快乐的条件还没有攒齐，而是想要拥有的东西太多，哪一方面都不肯舍弃，从而成为了痛苦的奴隶。

据说，蜈蚣在最初被造物主创造时并没有脚，但它仍可以爬得和蛇一样快。

有一天，它看到羚羊、豹子和其他有脚的动物都跑得比自己快，心里非常不高兴，便自我安慰似的念叨着："哼！有那么多的脚，当然跑得快了。"

于是，蜈蚣向造物主祷告说："造物主啊，我希望拥有比其他动物更多的脚。"

没想到，蜈蚣的这一请求不久后便真的实现了。造物主把许多只脚放在蜈蚣面前，任凭它自由取用。

蜈蚣迫不及待地拿起这些脚，不停地往自己身上贴，从头一直贴到尾，直到再也没有空间了，它才依依不舍地停止。蜈蚣心满意足地看着满身是脚的自己，暗暗窃喜："现在，我可以像箭一样飞出去了！"

然而，等它想要迈开脚步"狂奔"时，蜈蚣才发现自己完全无法控制这些脚。每一只脚都"各行其道"，要想让它们保持一致，蜈蚣必须要以百倍的精力去关注，才能使一大堆脚不致互相跌绊而顺利地往前走。这样一来，它走得反而比以前更慢了，而且还累得气喘吁吁。

佛祖说，满足不在于多加柴草，而在于减少火苗；不在于积累财富，而在于减少欲念。对于无止境的欲望，只有时时抱着"有所不为"的心理状态，才会有情趣去欣赏世界更可爱的一面，才会以更为洒脱的姿态来体会人世间的道义和善良，感受到真正的快乐与幸福。

人们常说"欲壑难填"，一旦陷入欲望的沟壑当中，无休无止的欲望就会使人们变得倍加贪婪。贪婪的欲望经常会控制人们的思想和行为，使人在欲望面前不懂得适可而止，而且总认为自己的付出与获得不成正比，总是希望以最少的成本获得最大限度的回报。于是，为了满足自身的贪欲，为了求得心理上的平衡和欲望的满足，人们又会不停地索取，不停地追逐。就像《金鱼和渔夫》故事中的主人公一样，这个曾经教育了几代人的童话故事告诉我们：任何行为都要有个合理的尺度，贪心不足，最终只能一无所获。渔夫救了金鱼，获得一定回报是应该的。而老太婆最初对生活的要求也符合人的本性。然而，一旦这种索取超出了合理的界限，就会变成贪婪。在一味的索取中，只会失去得更多。

自古以来，对于舍弃贪欲、静心修为之事，早就有许多先贤的教导。《老子》第 46 章有言："祸莫大于不知足，咎莫大于欲得。"这句话的意思是说，灾祸没有比不知满足更大的，过失没有比贪得无厌更严重的。老子劝导人们要知足、要节制，实质上就是说要懂得合理安排人生的进退取舍，有所为、有所不为，使人生不至于走向极端。对于生活的给予，如若知道感恩满足，便能获得快乐；对于自身的要求，如若知道适可而止，则能永远怡然自得。

为什么孩子们总是快乐的？因为他们的要求单一而纯粹，没有更多的"附加值"。对于一个喜欢零食的孩子来说，一座金山也不如一包糖果能令他快乐；对于一个喜欢在玩耍的孩子而言，一团可以变幻出各种玩具的黏土胜过满屋子的高级玩具。如此说来，快乐其实很简单，生活原本也没有那么多的烦恼。想想自己童年时是多么愉快，就会明白幸福的源泉在哪里了。

人生最好的状态便是得失对半，只是有的人总盯着未得到的那半叹气。其实若事事俱全，人生便只是百无聊赖地打发时间。只有懂得知足，感激自己一半得到一半追求的状态，才是最好的生活。

而对于现在已经长大成人的我们来讲，即使已经不再像孩童般单纯，即使已经有了许多的"附加值"，也不必烦恼，我们依然可以活得洒脱。只要记得"当欲望大于生命的时候，生命遭遇威胁则是必然的"。幸福其实很简单，放下那些沉重的精神枷锁，放下罪恶的贪婪。有为于舍弃，不为于索取，心灵的一方净土便还会回来。

上帝的归上帝，恺撒的归恺撒

人生的幸福感无法来自两方面，一是外在处境的满足，二是内心的平和自在。很多时候我们无法改变外在的那一半，就需要调整我们内在的另一半。

托尔斯泰曾说："幸福的家庭人人相似，不幸的家庭各有各的不幸！"有人总喜欢盯着别人的幸福，看到别人开宝马奔驰自己骑自行车他觉得人家很幸福，殊不知对方可能正在羡慕他有一个健康强健的身体；看到别人儿女双全他羡慕人家，殊不知对方正为儿大当婚女大当嫁而发愁……

是的，人们往往身在福中而不自知，总是觉得别人更幸福。就像《围城》里说的，城外面的人想进来，城里面的人想出去。每个人都有自己的幸福，也有自己的不幸，所以，不必整天盯着别人的幸福而眼馋，你也可以为自己制造幸福。

幸福是一个很抽象的概念，但它又是每个人都关心的话题。虽然每一个人对幸福的定义不一样，有人觉得对方如果家财万贯就会很幸福，也有人觉得自己的另一半是帅哥美女的话就会很幸福，还有人认为只要相爱的两个人可以在一起就会很幸福……但是，可以说每个人都在享受幸福、制造幸福，幸福是实实在在存在于每个人中间的。

人要学会享受自己的幸福，如果把眼睛盯在别人的幸福上，便注定一辈子不幸福。

有位作家讲过这样一个故事：她搬家之后，发现房前有一个小土堆，土堆旁有一条小渠沟，于是便计划把这地方开垦成一片小菜地，然后种上茄子、辣椒、西红柿，等等，享受田园生活的惬意。

　　于是，她把这计划告诉了丈夫，并"威逼利诱"着丈夫牺牲了整整5个双休日去"开荒"。因为丈夫累得汗流浃背，又被迫牺牲了双休日，结果两人整日冷战不断，甚至为此赌气好几天不说话，不过最终还是丈夫妥协了。

　　丈夫终于完成了开荒的大工程，小菜地终于整好了。这时又正好赶上春天，浇水、翻地，准备种蔬菜，两口子忙得不亦乐乎。

　　突然，某一天，这位作家的同事跑来向她诉苦，说自己与丈夫吵架了，对方列举了自己丈夫的种种不是：长年累月不回家，回家后像老爷似的，非得让人伺候，饭来张口衣来伸手，伺候不好还要吵架，在家是个油瓶子倒了都不扶的主儿，家里大小事情都得她亲自动手。

　　最后，这位同事告诉了她这一切不满的起因：她想让丈夫学着作家丈夫那样为家里开垦一片小菜地，没想到丈夫就是不肯，气得她大叫后悔，最后跟丈夫一通狂吵结束战斗。

　　听完同事的诉说，作家很吃惊，然后告诉对方，在自己眼里同事的丈夫经常给她带些时髦衣服，给家里添置些稀罕玩意，弄些稀罕物给她吃，她在大家眼里是一个非常幸福的女人，想要什么就有什么，怎么还不知足，竟为了一块小菜地与丈夫吵架呢？

　　最后这位作家明白了，同事与丈夫吵架的原因，全是因为羡慕作家的丈夫为作家开垦了一块小菜地，把温馨和浪漫都种在里面，过着悠闲自得的田园生活。同事其实只想让丈夫也为自己开垦一块小菜地，她就心满意足了。

其实生活往往就是这样，很多人都是紧盯着别人的幸福，就像雾里看花，水中望月一样，都是隔着一层，远距离地想象着别人的幸福。他们看到的，都是表面现象，就像同事看到作家的菜地，却不知道为了这块地作家曾跟丈夫吵得不可开交。如果只看到别人的幸福，而不切实际地一味攀比，却忽略了自己的幸福，这是极不明智的。

是的，很多人羡慕豪门的生活，但是有没有想过也许平常人家最幸福。一位蹬三轮的工人，收工回来从集市买来一块肉，回家让妻子炖上，然后倒上一杯小酒，一家紧围桌边，热气腾腾地吃着团圆饭，吃饱了放下碗拍拍肚，第二天又走出家门，再去工作……谁又能说这样的生活不幸福？有这样的幸福又何必羡慕那些吃着山珍海味却无法享受天伦之乐的富豪呢？

一场大水来临，淹没了一个小村庄，一位富翁和一位卖烧饼的小贩同时被洪水困在了一棵树上。由于逃生比较匆忙，富翁只带了元宝，小贩则带了一袋烧饼。平日里，小贩羡慕富翁有钱，而如今又饥又渴的富翁则望着小贩手里的烧饼两眼放光。在他看来，拥有一袋子烧饼的小贩是世界上最幸福的人了。

那些盯着别人幸福的人们，其实别人也在羡慕你已有的幸福。你觉得山那边的人一定很幸福，于是用一辈子的时间去翻越那座山，想去享受一下山那边人的生活，却发现山那边的人正在翻越高山，想来享受你的幸福。

幸福的一半是知足，知道自己要什么，珍惜自己已经有的东西，通向幸福的长路，便已走完了一大半。

因此，年轻人不要盯着别人的幸福流口水，每个人都有一个属于自己的制造幸福的小作坊。太在意别人的幸福就会忽略自己的幸福，贪恋着别人的幸福就会让自己的幸福离开。"上帝的归上帝，恺撒的归恺撒"，只有自己拥有的幸福才是实实在在的，别人再大的幸福都与你无关。

每一个年轻人都不要身在福中不知福，要小心呵护自己拥有的幸福，别去盯着别人的幸福。

学会和欲望相处，是成熟的开始

"人欲"是一切人类活动的起始，把握这个主宰一切的本源，将会获得无穷无尽的能量。人是欲望的产物，生命是欲望的延续。然而欲望的有效性与必要性是有限度的，满足不是绝对的，总有新的欲望会无休止地产生出来。由于欲望这种不知足的特性，欲望的过度释放会造成破坏的力量。

学会追求一半欲望，节制一半欲望，便是人生的真意。

叔本华说，欲望过于剧烈和强烈，就不再仅仅是对自己存在的肯定，相反会进而否定或取消别人的生存。用"上帝的命定"或"天理"来取消或压制别人的欲望是不合理的，但过度推崇与放纵欲望也是愚蠢的。欲望不是纯粹的、绝对的东西，它需要理智的调控与节制，它也绝不可能像有人声称的是文明发展的唯一动力。

据说，曹操做魏王的时候，在他的封地有一个乞丐，总是遭到市民们的鄙视和欺负。乞丐感到很委屈，他问："天底下有的是乞丐，甚至连魏王也是。可是，你们为什么那么尊敬魏王，却这样瞧不起我呢？"

市民们冷笑道："你凭什么说魏王是一个乞丐呢？如果你能够证明给大家看，我们也可以像尊敬魏王一样尊敬你。"

他决定要设法找到魏王，做一个证明。然而，魏王是那样高高在上，而他却是一个身份卑贱的乞丐，地位相差如此悬殊，怎么能够接近魏王呢？每当他试图接近魏王时，魏王的随从们就会把他痛打一顿，然后把他赶走。

功夫不负苦心人啊，他终于找到了一个机会。他发现魏王每天傍晚都会来到王宫附近的僻静小道上散步，于是，他就躲在那里等待魏王。他看见魏王远远地离开了他的随从们，沿着小道独自走来，似乎在苦苦思索着什么。他等待着时机，突然出现在魏王面前。

魏王被吓了一大跳。"你要干什么？"他惊恐万状地问道。

"我不想干什么。"乞丐说，"我只想讨一点钱。"

原来只是想讨一点钱啊。魏王舒了一口气，然后问："你需要多少？"

乞丐说："我只有一只破碗，你要能够装满它就行。"

魏王笑了起来，说："好吧，我答应你。"他唤来了仆人，命令他们去拿一些钱来。奇怪的事情发生了，当这些钱倒入乞丐的破碗时，仅仅只停留了几秒钟，就消失得无影无踪。

怎么会发生这样的事情呢？魏王感到非常诧异。他吩咐仆人们搬来更多的钱，但那些钱每一次都只能在乞丐的破碗中停留几秒钟，然后消失得无影无踪。最后，所有的钱都搬来了，所有的钱都在乞丐的破碗中消失得无影无踪。魏王被惊骇得出了一身冷汗，扑通一声跪倒在乞丐面前，请求乞丐放过他。

现在，轮到乞丐冷笑了，他解释说："这只破碗是一个填不满的坑，它的名字叫作欲望。因为这个欲望，你我其实都是乞丐。"

欲望是不可能被满足的。每当你赚到一笔钱，你都只有很短暂时间的满足。当那段时间过去，你就会再次陷入无尽的空虚。然后，你就只能继续追求下一次的满足。欲望就是这样一个魔鬼，它让你用各种不同的乞讨方式去占有。任何乞讨方式，无论是赌博、欺骗、哀求以及任何形式的巧取豪夺。

　　有个老魔鬼看到人们的生活过得太幸福了，他说："我们要去扰乱一下，要不然魔鬼就不存在了。"

　　他先派了一个小魔鬼去扰乱一个农夫。因为他看到那农夫每天辛勤地工作，可是所得却少得可怜，但他还是那么地快乐，非常知足。

　　小魔鬼就想："要怎样才能把农夫变坏呢？"他就把农夫的田地变得很硬，让农夫知难而退。那农夫对着田地敲打半天，做得好辛苦，但他只是休息了一下，还是继续敲，没有一点抱怨。小魔鬼看到计策失败，只好摸摸鼻子回去了。

　　老魔鬼又派第二个去。第二个小魔鬼想，既然让他更加辛苦也没有用，那就拿走他所拥有的所有东西吧！那小魔鬼就把他午餐的馒头和水偷走。他想，农夫做得那么辛苦，又饿又累，却连馒头和水都不见了，这一下子他一定会暴跳如雷！

　　农夫又渴又饿地倒在树下休息，想不到馒头和水都不见了！可他还是自言自语道："不晓得是哪个可怜的人比我更需要那块馒头和水？如果这些东西能让他温饱的话那就好了。"小魔鬼只好又弃甲而逃了。

　　老魔鬼感到奇怪，难道没有任何办法能使这农夫变坏？这时第三个小魔鬼对老魔鬼说："我有办法一定能把他变坏。"

　　小魔鬼先去跟农夫做朋友，农夫很高兴地和他做了朋友。因为魔鬼有预知的能力，他就告知农夫，明年会有干旱，教农夫把稻种在湿地上，农夫便照做。结果第二年别人没有收成，只有农夫的收成满坑满谷，他就因此而富裕起来了。

　　小魔鬼又每年都对农夫说当年适合种什么，三年下来，这农夫就变得非常富有了。他又教农夫把米拿去酿酒贩卖，赚取更多的钱。慢慢地，农夫开始不工作了，靠着贩卖的方式，就能获得大量金钱。

有一天，老魔鬼来了，小魔鬼就告诉老魔鬼说："你看！我现在要展现我的成果。这农夫现在已经有猪的血液了。"只见农夫办了个晚宴，所有富有的人都来参加，喝最好的酒，吃最精美的餐点，还有好多的仆人侍候。他们非常散漫地吃喝，衣裳零乱，醉得不省人事，开始变得像猪一样痴呆愚蠢。

"你还会看到他身上有着狼的血液。"小魔鬼又说，这时，一个仆人端着葡萄酒出来，不小心跌了一跤。农夫就开始骂他："你做事这么不小心！""哎！主人，我们到现在都没有吃饭，饿得浑身无力。""事情没有做完，你们怎么可以吃饭！"农夫恶狠狠地说。

老魔鬼见了，高兴地对小魔鬼说："你太了不起了！你是怎么做到的？"

小魔鬼说："我只不过是让他拥有比他需要的更多而已，这样就可以引发他人性中的贪婪。"

究竟是什么让一个人变坏，产生恶念？说到根本就是贪婪和无止境的欲望。贪婪和无止境的欲望是让人变坏、产生恶念的根本原因，它是一道永远都填不平的沟壑。唯一应对的方法就是克制你的欲望，把你的欲望控制在合理的范围内。

追求欲望并不难，难的是懂得放弃一半的欲望。只有能节制那属于贪婪一半的欲望，才能在幸福的路上不入歧途。

所以，我们在努力追求梦想时，不要让人性的弱点靠近自己，不要忘了自己最初的本心。

超脱私欲，保持一颗朴素的心

很多人因为私欲，放弃了自己心中真正的梦想，甚至放弃了自己做人的原则，最终他们得到了自己想要的名利，却迷失了自我。他们虽然拥有了名利，却过得根本就不快乐、不自由。

美酒饮到微醉后，意思是再美好的东西都不可尽饮，须得留一半才好。

在人生的路上，我们不可能摆脱世俗的纷争和烦扰，但我们可以尽量远离。在这个世间，有太多的人一头扎进名利的路上而不能自拔，卷入世俗的纷争和烦扰，并且以此为乐。某些人在名利的路上，在世俗的纷争中，不惜抛去亲情，抛去爱情，抛去人性中本应坚守的诸如良善、友爱、公平、正义等美好的情怀，有的甚至拼掉健康和生命，却始终无法回头。这其中，有些人成功了，有些人失败了，有些人因得到一点蝇头小利而得意扬扬，耻笑他人，有些人因失去一点蝇头小利而哭天抢地，失去自我。

古代有一个国王，刚刚登基，外族都不臣服，经常犯边滋扰。于是国王就召开会议，决定用武力使四夷臣服，进而安定边疆。

国王做好了决定就颁布诏书，民间要是有肯为国出力者，皆有重赏。不出十天有三个年轻人应召而来。高个子的叫若木，善骑术；矮个子的叫宾蒂，善射术；中等个的叫天定，善于谋略。国王择日让他们三个带领大军开赴边疆了。

日子不多，边疆的喜讯不断传来，三个年轻人屡建奇功。一个月以后，边疆得到了安宁，四夷全都臣服。得胜之师回到都城，国王要给将士论功行赏。

国王对三个年轻人说："有什么要求尽管说!"

若木说："我要做大将军，为陛下镇守边关!"

宾蒂说："我要做尚书，替陛下分担国事!"

天定却说："我一不当官，二不领兵，三不要钱。我只希望陛下能赐我一群牛羊和一块牧场!"

国王很惊诧，不过一一满足了三个年轻人的要求。

过了若干年，天定正在牧场上吹着笛子、欢快地牧羊的时候，消息传来，若木和宾蒂因为权势熏天，遭到了皇帝的猜忌，全都入狱了。

很多时候，人的欲望过强就变成了贪欲。我们的情绪很容易被这种贪欲左右。在不知足的状态下，钱多了还想再要，官做大还想更大，房子宽了还想更宽，出了名还想更有名……于是，对自我生存状态的否定及盲目攀比的虚荣阻断了快乐的根源。

这时候，我们便需要"半"的人生智慧。人生在世，所需要的物质不过些许——一间能遮风雨的房子，几件能暖身体的衣服，三餐果腹的热饭。既然如此，就剪除我们不需要的那一半的欲望，把心从欲望中解脱出来，留给知足，留给快乐。

在人生的路上要努力致力于远大。志向要高远，目光要长远，不拘泥于世俗纷扰，不拘泥于雕虫小技，不拘泥于蝇头小利。致远，同样离不开坚守正道，离不开友爱他人，奉献社会。如果我们的致远是用来致力于让自己的私利和私欲走得更远、得到更多，那我们很可能会走不了多远就跌入自己设置的人生陷阱中。如果我们做到了有意义的宁静、正确的致远，那此刻宁静与致远也就浑然天成了。

在人生的道路上，努力超脱名利，努力超脱世俗，努力做一个明白的人，做一个志向高远的人，做一个有高尚情操的人，做一个不仅仅有利于自己，还要有利于他人和社会的人，而这一切的前提就是坚守正道，坚走正途。淡泊名利就是对生活不挑剔、不苛求、不怨恨，于名利的沉浮与得失中，保持自己朴素的生存方式和平静的生活习惯。

而淡泊名利的操守，只有历经磨炼，才能达到心境平和、宁静虚空。《菜根谭·应酬篇》说："淡泊之守，须从浓艳场中试来；镇定之操，还向纷纭境上勘过。不然操持未定，应用未圆，恐一临机登坛而上品禅师又成一下品俗士矣。"来到手中的，欣欣然接受；从手中溜走的，怡怡然放手。淡泊名利，是一个人完满的内心修养，是一个人高远的精神境界，是一种甘于奉献的灵魂陈述。

得到得多不如失去得少

人生的一半是得，另一半是失。人们常常叹不得，悲失去。却很少去看自己已获得的一半，和未失去的一半。

从前有一个人，他经常自言自语地说："我真想发财呀！如果我发了财，我要让所有人都有房子住，吃饱穿暖，我决不做吝啬鬼……"

就这样一遍遍地祈祷，终于有一天，一个神仙找到了他。神仙对他说道："我听到你的祈祷了，你就要发财了，我这就给你一个有魔力的钱袋。这钱袋里永远有一枚金币，是拿不完的。但是，在你觉得够了的时候，就必须把钱袋扔掉，才可以开始使用那些金币。"说完，神仙就不见了。

　　这个人惊讶地揉了揉眼睛，以为自己是做梦。不过，他发现自己的身边真的出现了一个钱袋，里面装着一枚金币！他把那枚金币拿出来，里面又有了一枚。于是，他不断地往外拿金币，他一直拿了整整一个晚上，金币已有一大堆了。看着这些钱，这个人想：这些钱已经够我用一辈子了。

　　第二天一早，他拿着这些钱，准备到街上买面包吃。但是，在他花钱以前，必须扔掉那个钱袋。他舍不得扔掉那件宝贝，又继续从钱袋里往外拿钱。每次当他想把钱袋扔掉的时候，他就总觉得钱还不够多。

　　就这样，日子一天天过去了，他的金币越来越多，多到可以买下一个国家。可是，他总是对自己说："还是等钱再多一些才好。"于是，他不吃不喝拼命地拿钱，金币已经快堆满一屋子了，但他却变得又瘦又弱，脸色蜡黄。他虚弱地说："我不能把钱袋扔掉，金币还在源源不断地出来啊！

　　没过多久，因为水米未进的缘故，这个已经成了大富翁的人，看起来却非常虚弱。但即便如此，但他还是在用颤抖的手往外掏金币。最后，由于又累又饿，他死在成堆的金币里。

　　这个人拿金币的过程，正是"得"与"失"的过程，如果说一开始，他拿到的金币和他的生命是均衡状态，随着时间流逝，他每拿一次金币，就损失了一点生命力，死到临头，都没有摆脱欲望与贪念的缠绕，最终不仅没有得到想要的金子，还失去了宝贵的生命。

　　人们容易将"得"与"失"这两个概念分开来看，认为成功的人生就是得到的越多越好，失去的越少越好。但是，一个人得到一些东西的同时，必然意味着另一些的失去。在看待得与失的时候，不能将二者割裂，只能以同一标准，比较"得到的多"还是"失去的多"。

要求太多的人，往往落得可悲的下场，得与失之间，有一个平衡点，获得成功的人，很好地把握了它们之间的均衡，这些人失去一部分时间和精力，获得了事业上的进步。当得失处于平衡状态，他们有时间兼顾家人，兼顾朋友，兼顾爱好，还有健康的身体、开朗的心情。

得失各半，便珍惜已得到和未失去的，只有这些，才是自己真正拥有的那一半。

另一些处于得失严重失衡状态，他们太过执着于得到某一样东西，例如，一个工作狂只知道工作，当"得到"和"失去"超过均衡点，问题接踵而来，首先他的身体会出现告急信号，他身边的亲友长期被他疏忽，也开始心存不满。在这种情况下，他的心情越来越差，至于当作生活情趣的爱好，那是他从来没注意过，也根本顾不得的东西。这样看来，他失去的多，还是得到的多？"得"与"失"之间的尺度是什么？很简单——得到的一半多，不如失去的一半少。

第八章
不过傲，凡事成了就好

　　俗语："牛大马大值钱，人架子大了不值钱。"其中的意思就是说爱逞威风、摆架子的人是不讨人喜欢的。一个人的身份和地位不是自己制造出来的，而是被别人支撑起来的。只有把自己放低的人才会得到人们的拥护和支持。

鸡蛋碰不了石头，屈一半才能伸一半

　　中国有这样一句歇后语：鸡蛋碰石头——自不量力。这句话的意思就是：我们身处劣势时，不必非得与敌人一较高下，向敌人低头认罪，以求来日的东山再起，也未尝不是一条好的缓兵之计。

　　古语说，大丈夫能屈能伸。人生便是要有一半的"屈"，才能有另一半的"伸"。

　　然而，现代人很多都不懂得这个道理。尤其是年轻人，总是一腔热血，哪怕对方如何强大，自己也不肯退让三分。表面上看，这样的行为好似很"英雄"，但这却折射出了他的心智"不成熟"，难以担当大任。

狄仁杰是唐朝一代名臣，他能够在武则天手下如鱼得水，关键就在于懂得"低头"的道理。武则天专权时，为了给自己当皇帝扫清道路，先后重用了武三思、来俊臣等一批酷吏，顿时朝野上下，人人自危。

　　一次，酷吏诬陷狄仁杰等人谋反行为，来俊臣先将狄仁杰逮捕入狱，然后上书武则天，建议武则天降旨诱供。狄仁杰突然遭到监禁，来不及与家里人通气，更没有机会面奏武后说明事实，心中不免焦急万分。

　　审讯的日子到了，来俊臣在宣读完逼供的诏书，就见狄仁杰已伏地告饶。
他趴在地上一个劲地磕头，嘴里还不停地说："罪臣该死，罪臣该死！大周使得万物更新，我仍坚持做唐室的旧臣，理应受诛。"

　　见狄仁杰已招供，来俊臣判了他个"谋反是实"，免去死罪，听候发落。

　　来俊臣离去后，狄仁杰开始了自己的计谋：他先拒绝了判官王德寿的利诱，接着一头向大堂中央的顶柱撞去，顿时血流满面。王德寿见状，吓得急忙上前将他扶起，送到旁边的厢房休息。

　　眼见王德寿走出，狄仁杰急忙抽出手绢，蘸着身上的血，将自己的冤屈都写在上面，又将棉衣里子撕开，把状子藏了进去。一会儿，王德寿进来了，见狄仁杰一切正常，这才放下心来。

　　后来，武则天通过那份血书查明了真相，释放了狄仁杰。她问狄仁杰："你既然有冤，为何承认谋反呢？"狄仁杰回答说："我若不承认，可能早就死于严刑酷法了。"武则天听罢，这才明白原来这是他为了保命，不得已的策略。

　　狄仁杰的故事告诉我们，面对比自己强大许多的对手，控制住刚强直率的性格，这是斗争中的良策；相反，若不知迂回以硬碰硬，则会让自己吃大亏，让原本能够翻盘的机会也付之东流。

用鸡蛋去碰石头，这是为人处世的大忌。也许逞一时之快，你会感受到痛快淋漓，可是事后你却会发现：这种不理智的心态，已将自己逼到了悬崖之边。

人生屈一半才能伸一半，屈是为了日后的伸。

所以，对于一个人来说，哪怕能力如何过人，也不要产生鸡蛋碰石头的"壮烈"情绪。即使自己是对的，也要注意态度、方式方法和时机问题，不要冲撞对方，引起上级的怒火，使他怨恨于你。

看低别人，你会被别人踩得更低

人与人之间有差异性存在，有的人事业风光，有的人下岗失业；有的人腰缠万贯，有的人贫困潦倒；有的人口齿伶俐、有的人木讷愚钝……但所有人的人格是平等的，世界上谁也不会比谁高贵多少。

但是，有些人却习惯用势利眼看别人，以官职大小、钱财多少或学问高低论尊卑，在不如自己的人面前摆架子、显傲态。这是一种不尊重人的表现，只会招致别人的反感，自取其辱，让自己难以下台。

在一架班机的经济舱上，一名漂亮的白人女士被安排在一个黑色皮肤的男人旁边。任凭黑人怎么微笑，她都怒目相视，最后还气势汹汹地把空姐叫来："你们必须给我换位子，我受不了坐在这种令人倒霉的家伙旁边！"

空姐脸上的微笑僵住了，她看了看身边的黑人，有些不好意思，黑人则用尴尬的微笑回应。"请稍等。"空姐走开了。白人女士有些得意地瞟了一眼黑人，鼻腔里发出"哼"的一声，然后准备收拾东西。

几分钟后，空姐回来了，她微笑着说："女士，很抱歉，经济舱已经客满了，不过在头等舱还有一个空位。"不等白人女士说话，空姐接着说，"将乘客提升到头等舱是我们从未遇到的情况，但是我已经获得机长的特别许可。"

白人女士高兴地站起来："太好了。"岂料，空姐却转向了那名黑人："机长认为要一名乘客和一个令人讨厌的人同坐真是太不合情理了。先生如果您不介意的话，我们已经准备好头等舱的位子了，请您移驾过去。"

白人女士呆住了，机舱里爆发了一片热烈的掌声。

《圣经·马太福音》里说："你希望别人怎样对待你，你就应该怎样对待别人。"一个不尊重别人的人，是绝不会得到别人尊重的，自我价值也就不能得到体现，又何谈获得从容淡定的人生？

人生在世，总有一半的人比自己高，也有一半的人比自己低；即使同一个人，也总有某一方面比自己强，另一方面比自己低。最好的态度，当如孔子所说："择其善者而从之，其不善者而改之。"而要做到这点，便要先从尊重每一个人开始。

尊重你身边的每一个人吧，无论他职务高低，身份贵贱。只有这样，你才能收获尊重和欣赏。退一步说，就算他们不会给你丰厚的回报，你尊重他们也不会损失什么，反而赢得了良好的口碑和人缘。

在这一点上，季羡林先生为我们做了良好的典范。

季羡林先生是我国著名学者，他才高八斗，曾是北京大学副校长，被奉为我国"国学大师""学界泰斗"和"国宝"。然而即便有了这么高的地位，季羡林先生也从未因此盛气凌人，反而和和气气。

有这样一则故事，完美表现出了季羡林先生的人格魅力：

有一年9月，新的学期开始了，大批学子从天南地北赶到北大。这其中，有一个外地的农村学子，他大包小裹的东西很多。因为这些行李很沉，所以他不一会儿就累得气喘吁吁，把行李放在路边休息一下。

这学子为了不耽误报到，就想找一个人来帮自己看东西。不过看了半天，他发现过来的不是学生就是学生的家长。人们都行色匆匆地为报到的事情而忙碌，哪里有人有时间帮自己看行李。正当他不知所措时，路边走来一个老大爷。这位老大爷走路比较慢，看起来比较悠闲，不像是要赶路的样子。

这个学子看到了希望，抱着试一试的心情拜托这位老大爷帮自己看一下行李。没想到的是，老大爷爽快地答应了，还和和气气地告诉学子办手续的流程。当天北大的新生很多，学子办手续花了两个小时，他心想那位老大爷肯定等不耐烦已经走了。他匆匆忙忙地回到了放行李的地方，却发现老大爷还在尽职尽责地帮自己看包，他非常感动，对老大爷说了很多感谢的话。老大爷谦虚了几句，笑着走了。

到了第二天开学典礼，这位学子吃惊地发现，昨天帮自己看包的那个老大爷也在主席台上就座，原来他是北大的副校长——季羡林教授。从这以后，这位学子逢人便夸赞季羡林老师，并将之当成了自己一生的偶像。

季羡林先生是学识渊博、才华横溢的大学者，更是安心随意、从容淡定之人，他能够屈身为学子看守行李，还做得心平气和、恬淡安然，正是这种朴素而又伟大的人格魅力，使他获得了众人的尊重和敬仰。

人生在世，不见得权倾四方、威风八面是成功，而是性情的恬淡和安然。尊重你身边的每一个人吧，无论职务高低、身份贵贱，只有充分地尊重了每一个人，我们才能赢得每一个人的尊重和赞许，换得安心随意的生活。

别让自己成为大海上孤立无援的船只

人最好的位置其实就是一个"半"，上有天下有地，人正好在天地中间这个"半"上；上有祖先下有子孙，人正好在长幼之间这个"半"上。在任何一个团体里，若能站好"半"的位置，自然能与所有人和睦相处，如果非要独自站在中心，万事都把自己放在首位，自然会遭到别人的排斥。

"你不要总是以自我为中心，应该替大家想想，换位思考一下。"面对太过于以自我为中心的人时，很多人都会发出这样的批评。生活中的你是不是也总是很感情用事，以自我为中心，因而受到他人这样的批评呢？

也许，我们并不觉得以自我为中心有什么坏的影响。但对他人来说，却要承受各种各样的烦恼，感到与我们相处很累。因为以自我为中心的人总是会在不经意间爆发自己的情绪，从而给自己、给他人带来不必要的麻烦。

有一天，小毛与同事坐在办公室聊天，他感叹道："我们的头儿老张的确很有才华，做事认真，是公司一个不可多得的人才，只可惜有个很糟糕的缺点，那就是太以自我为中心了，做事从来不考虑别人的感受。"

没想到，小毛说这话时老张刚好从门口经过，一听他们在讨论自己，火气立刻就上来了，随即冲进办公室，把小毛臭骂了一顿。

同事们把老张拉到一边，问他为什么辱骂小毛，老张气呼呼地答道："你们评评理，他说我做事以自我为中心，不考虑别人的感受，我有吗？气死我了，这次的项目小毛也别做了，还有，那个谁……你跟他一起在背后议论我，罚你打扫办公室一个月，小毛和你一起！"

大家听了老张的话，直摇头，其中一个同事说道："小毛哪里说错你了？从你刚才的那番话中，你的以自我为中心的毛病已经表露无遗了。你生气了就随意取消小毛做这个项目的资格。你知道小毛为了这个项目已经花了半年心血了，这几周都没有好好休息了，你考虑他的感受了吗？你只考虑你自己！还有其他的事，你自己想吧。"

听了同事的话，老张愣住了。可是，他还是没有真正认识到自己的错误，甚至气愤的老张还觉得大家是在针对他。

老张正是那种典型的以自我为中心的人。长此下去，恐怕没有一个人再愿意与他共事，因为他根本就不懂得尊重人、理解人。

有人说过："以自我为中心的人，就如同大海上孤立无援而失去方向的船只，或是被巨浪吞没，或是触礁而亡。"一个人要想摆脱这样的处境，就要与人交流，交流之后你才能知道别人对某件事情的看法，对你个人的看法。这样，你才不会只考虑自己感受，因为你的脑海里已经有了另一个人的观点。

事实证明，那些爱以自我为中心的人，总是会做一些让身边的人觉得很不公正的事情。因为他不会站在别人的立场上想问题，心里只有他自己。他们的共同点就是：对自己有利的事就做，对自己不利的事就粗暴地阻止。这样的一个人，情绪是很不稳定的，随时都在感情用事。

某公司裁员，一个员工的妻子被裁掉了。他很生气地去质问老板，朝老板大发脾气。

老板是一个很有风度的一个人，虽然很生气，但还是耐心地解释道："现在我们公司的经营出现了点困难，裁员是当前最好的缓解危机的办法。考虑到你们夫妻都在咱们公司，而别的员工是一个人扛起一家人的重担，所以，我希望你能够理解我的做法，也替别的同事考虑一下。你先回去冷静一下吧，如果你对公司的发展有什么好的建议，欢迎你再来跟我讲。"

这个员工回去一番冷静地思考，终于想通了："我和老婆都是高学历，去哪儿都能找到一个好工作，失去了也无所谓。我不能只考虑到自己的需要，应该为别的同事考虑一下。"

于是，这个员工又去了老板的办公室，他向老板道了歉，说自己以后要学会站在他人的角度想问题，现在他可以坦然接受自己妻子被裁员这件事。

一个只知道考虑自己的需要，不管别人感受的人，就算事情有平衡的解决办法，他也不会理智采用，而是直接索取自己想要的。幸好，案例中的这名员工在老板的劝导下，明白了自己的错误，并及时向老板道歉，还做出了实际行动。否则，这位员工以后还会动不动就感情用事。

但是看看身边那些以自我为中心的人：与大家一起共事时，他会让别人迁就他，因他而拖延或提速行事步调；但别人拖累他的时候，他就会抱怨，甚至掉头就走。这样自私自利，不考虑他人感受的人早晚会栽跟头。比如残暴的秦始皇，一心想当皇帝的袁世凯，他们的结局都是不得善终。

所以，如果你不想让自己的人生有一个惨淡的结局，就要学会在"半"位置，一半考虑自己，一半考虑别人，从别人的角度思考问题，也就是学会换位思考。

英雄多难，非养晦何以存身

有才能的人总是爱感叹：天妒英才，自己遭遇的坎坷永远比别人多。的确，上天好像特别喜欢捉弄有才之人，让他们饱经坎坷。不过有时候，不是天妒英才，而是英才于高调，自己给自己找麻烦。就如明朝时期的文学家杨慎在著作《韬晦术》中所说的"英雄多难，非养晦何以存身"，意思是，英雄往往多难，在灾难临头时，不养晦怎么能保存住自己？

正是因为站不住"半"的位置，保不住"半"的心态，万事追求"满"，结果只能自讨苦吃。

古语有云，木秀于林，风必摧之；堆高于岸，水必湍之。西方有句谚语，尽管星星都有光明，却不敢比太阳更亮。这两句话都是在劝诫世人，不可太过高调，高调让自己前路坎坷。纵观历史，多少有才能的人因太过高调，太喜欢卖弄而使自己深陷坎坷命运中。

历史上高调而自找麻烦的历史人物，杨修绝对是绕不过去的一个。曹操也知道杨修是有才华的，但这个人恃才放旷，一再自作主张地做曹操的"代言人"，最终落得个被主子杀害的下场。

蔡小姐是大型广告公司C公司的市场部经理，因业绩突出，被业内称为"美女诸葛"。总经理对蔡小姐也极为赏识，好几次都半开玩笑地对她说："小蔡啊，好好干，我随时准备交班。"蔡美女本是聪明人，但好听的话听多了，也飘飘然起来。她觉得自己能力过硬，学历较高，迟早会坐上总经理的位子。

自恃是公司骨干，蔡小姐并不把总经理完全放在心里，有时候甚至会和总经理就工作的问题发生冲突。虽然总经理多次暗示，让其注意身份，但她就是不以为然。

一次，C公司拿到了某国际知名公司的广告合约，签完合同后，C公司提议举办一场聚会。酒会原由两家公司的部门经理级别以上的高层参加，但因为蔡小姐为达成这次合作出了不少力，公司破格允许她参加酒会。

作为东道主，蔡小姐在酒会上表现得很活跃，不认识她的人，还以为她是C公司的总经理或是哪位高层的家眷。酒会中，有一个环节是由双方的总经理来发表合作感言，当对方公司的总经理发完言后，麦克风出了点问题。蔡小姐第一个冲上前去修理，当麦克风再次出声时，C公司的总经理整整领带，准备上台。但这个时候，蔡小姐竟然鬼使神差地代表公司向对方公司表示感谢，虽然只有短短一句话，但却让她身后的C公司总经理眼里冒了火，他觉得这是对自己尊严的赤裸裸的挑衅。

在酒会上，对蔡小姐的行为有意见的，除了C公司总经理，还有C公司的总裁。他早就听说这位漂亮的市场部经理十分能干，行事却有些高调，如今亲眼见到，还真是有些失望，他最看不上找不准自己位置的人。

后来，C公司总经理通过提拔新人架空了蔡小姐，蔡小姐觉得十分委屈，便向总裁投诉。这种打越级报告的行为又一次触动了总裁，他最终找了个理由辞退了蔡小姐。

蔡小姐委屈吗？想必更多人觉得她是自找的吧。锋芒太露、行事高调，这样的人就算能力再强，也会被舍弃。

人行事不可过"满"，自我感觉更不可过"满"，只有始终保持"半"的心态和智慧，才能独善其身。所谓"机关算尽太聪明，反算了卿卿性命"，在没有达到一定高度时，还是韬光养晦，保存实力的好。

想长成参天大树，先把根深扎土里

　　尼采曾说："树之所以能长成参天大树，是因它把根深深地埋入了土里。"

　　人也和树一样，需要隐藏一半的锋芒，才能有另一半的光辉。

　　大自然赋予了人类太多的象征，大海之所以能广纳百川，不在于其本身的伟大，而是因为它地势的低洼。正所谓"不积跬步，无以至千里；不积小流，无以成江海"。事物发展的规律总是循序渐进的，欲速则不达。所以很多时候，我们需要脚踏实地地去积累，从低处做起。

　　如今，有些"志存高远"的人总觉得自己价值不凡，能力超群，在人生的规划中总给自己设定在一个形式上的"高位"，如果没有得到想象中的重视，就觉得他人蔑视了自己，于是便开始躁动，进而失望，感叹大材小用，从此无心工作。

　　岂不知要想"高就"，就必须首先把重心放低，天天有进步，月月有提升，年年有改变，人生才能有所突破。懂得在恰当的时候"低就"，不是不思进取和沉沦，更非懦弱和畏缩。相反，这在客观上给我们创造了一种机遇，在"低就"中积蓄力量，调整心态，磨炼意志。如此不断地完善自我，"高成"便指日可待。

　　看看下面这个年轻人是怎样一步步走向成功的。

　　美国著名作家马克·吐温曾接到一封刚从学校毕业的年轻人的信。信中说："我刚刚走出校门，想到美国西部当一名新闻记者。无奈人地生疏，不知马克·吐温先生能否帮忙，替我推荐一份工作？"

马克·吐温回信为这个年轻人提出了求职设计的"三步骤"："第一步，向报社提出不需要薪水，只是想找到一份工作锻炼自己；第二步，到任后努力去干，默默地做出成绩，然后再提出自己的要求；第三步，一旦成为有经验的业内人士，自然会有更好的职位等着你。"

年轻人认真地按照马克·吐温的"三步骤"去做，结果在职场上不仅得到了"一席之地"，而且还获得了他心仪的"好职位"。

起初，不计报酬薪水，可以说是最大程度的"低就"了，但同时，由此获得一个锻炼自己的工作平台，既可以从中获得经验与资历，又可以借此展现自己的能力和才华。倘若不踏上这个锻炼自己的起点，那么"高成"永远只是可望而不可即的空中楼阁。

一个介意"低就"的人，只能说明在乎表面的颜面远胜于心中的大志。积弱图强，守弱保刚。没有一条路平整到毫无坑洼，但我们却不能因为坑洼而拒绝前行；没有一片土地平阔到没有低谷，但我们也不能因为低谷而放弃大河山川。相反，只有在坑洼中沉得住气，吸取教训，未来的路才能走得更加宽阔；只有在低谷中积蓄力量，有朝一日挺起腰板时的视野才能更加高远。

老辈人曾说，只有踏踏实实做人，认认真真工作，才能取得实实在在的成果。那些取得了较大成就的人，并不是因为一开始便居于高位，也不是他们有一步登天的本领，而是他们懂得只有通过踏踏实实的行动从基层干起，才不会因为各种各样的诱惑而迷失方向，才能经受住成功路上的种种考验，一步一个脚印地向前迈进。

"不积跬步，无以至千里；不积小流，无以成江海"的古训早已让我们耳熟能详。好高骛远、眼高手低，终究只能让自己局限于旧有的捆绑中不得前进；只有认识到眼下工作的重要性，体会到基层的充实，才会为我们带来不一样的改变。

李刚从名牌大学毕业后，就直接来到一家出版社工作。刚开始他被安排的职位是秘书，每天做些芝麻大的小事，零碎而烦琐。

起初，他还能安心于本职工作，甚至在工作之余也表现得异常勤快，打扫办公室、给主编端茶倒水都是李刚主动去做的活儿。可是大半年过去了，社里还没有让他做编辑的意思，他不禁开始怀疑这份工作的意义了。他想，自己有这么高的学识，难道只配做这些乱七八糟、毫无意义的琐事？于是他开始在私下里跟朋友抱怨："迟早有一天我会离开的，等到合同期满，我就走人。"从那以后，他在工作中明显浮躁了很多，表现得非常不认真。

一次，李刚偶然碰到了同学梅梅，她也在一家出版社工作，可现在已是一名策划编辑，很受器重。当李刚又开始抱怨时，梅梅对他说："刚开始我也是做秘书工作，和你一样，我当然也想成为一名出色的编辑，但我知道这需要眼下一步一步的努力。所以我觉得你目前最主要的是把这份工作做好，总有一天你会受到重用的。

李刚听从了梅梅的劝告，工作比原来踏实了很多，浮躁的心态也一扫而光，渐渐地发现自己一直感觉很渺小的工作原来也可以学到很多东西，不知不觉中自己也进步了不少。没过多久，他就开始正式接触了文字编辑的工作。

不要轻视自己所做的每一件事，即便是最普通的，也应全力以赴、尽职尽责地去完成。只有承受得住人生一半的低就，才能赢来人生另一半的高成。

通往成功的道路向来都是呈螺旋或阶梯式前进的，只有从山脚出发，一步一个脚印地向上攀登，未来的步子才走得稳，成果才站得住。

"高"不是坏事，怕就怕"自视甚高"

我们知道，高学历可以让我们站在更高的起点，可以证明我们在学识方面的实力；而高工龄则代表了丰富的工作和社会经验的积累，可以证明我们在工作方面的突出表现。但是，在工作中，很多人则总会拿出这两个资本来炫耀自己，总认为自己高人一等。殊不知，这样做的结果是在搬起石头砸自己的脚。

高硕是一名硕士生，从小到大，父亲一直教导他，只有好好学习，获得高学历才能找到相对好的工作，才能够获得成功。于是，听话的高硕就非常努力地学习，最终如愿以偿，拿到了硕士学位。

毕业后，高硕不仅成为家族人的骄傲，也成为全村的"明星"，这让他有了飘飘然的感觉。后来，凭借自己的实力，他到一家造纸厂的生产部做了经理。

"经理"的位置让高硕欣喜若狂："看来老爸说得没有错，高学历就是我人生帆船的助推器啊。"于是，在工作中，他总是时不时地向他人炫耀自己的毕业证书，总是以高学历来压制他人的意见和想法。公司总裁不止一次地提拔他，但他却始终感觉领导不会赶走一个高学历的人才。

有一次，公司接到了一份十分紧急的任务，需要高硕深入车间，亲自指导员工。当高硕接到命令的时候，他不禁大叫道："那也太有损我的形象了吧？我可是硕士生啊。不过既然公司说了，我可以去，但是我只做自己分内的事情，其他的别让我去做。"

听到高硕的回答，公司总裁笑了笑："是吗？那我可不敢动用公司的硕士生啊。既然这样，那你就另谋高就吧。"就这样，高硕就被辞退了。

高学历固然能表明你在学识方面的实力，可以依仗着它找到好的工作。但是，如果你以"高学历"在工作中"兴风作浪"，那却是让人难以接受的。

在任何一个企业中，评价你是否是一个能力出色的好员工，完全在于看你是否能为公司作出大的贡献，而不是看你有多高的学历、多深的资历。所以，在任何情况下，我们都不要将高学历、高资历当成自己敷衍工作的"挡箭牌"、护身符；否则，就有可能会像故事中的高硕一样，照样被企业拒之门外。

同时，作为一名员工还要知道，如果总是拿自己的工龄来说事，也是不可能被领导认可的。要知道，高工龄不过是证明你工作时间比较长，在技能上可能比一般的人要熟练一些，但却不能以此作为自己的资本，在工作中为所欲为。

因此，唯有丢弃"高工龄"的包袱，在工作中尽自己应有的责任，将每一件事情做好，才可能成为公司真正的"元老"，从而受到员工的尊重、领导的器重。否则，你也将和硕士生的下场一样，离开自己的工作岗位，另谋高就。

李军在码头附近的一个仓库给别人缝补帆布。他是个很能干的员工，在码头上班已经快五年了，领导非常看重他。而他对公司也非常有感情，工作十分卖力！

有一次，天空突然下起了大雨，李军二话不说就要往外走。这时候，有一名同事叫住了他："李军，这么大雨，你别出去了，你可是咱们公司的元老，那些事情让其他人去做就好了。"这时候，李军说："元老能当饭吃吗?"说着就冲进了雨中。

正当李军在雨中查看货物，并对上面的帆布进行加固的时候，一辆车停在了他的面前。原来是老板看下雨了，不放心货物，所以回来看看。当老板看到货物完好无损，再看看面前的水人，当场就表扬了李军。李军却说："我只是看看我缝的帆布是否结实，再说我就住在旁边，看看货物也不过是举手之劳。"

虽然是举手之劳，但却令老板感激不尽。在不久后，李军就被任命为该公司的经理，对他委以重任。

李军可以说是公司的"元老"，但是他却没有想过要依仗自己的工龄来推卸责任，而是将自己看得很低，做着自己应该做的事情和自己分外的事情。正是因为他的理智、他的谦逊、他的负责，最后赢得了领导的赏识，做出了大成就。

"高"本不是坏事，怕的却是"自视甚高"。一个人的内力是外在的一半和内在的一半共同组成的，若丢了内在的一半，学识再高，也难以尽其用。

所以，在工作中，我们只有及时丢掉"高学历""高工龄"的头衔，谦虚地与他人交往，踏踏实实为公司作出贡献，才能得到领导的赏识，才能实现自己的梦想。

第九章
不过痴，凡事爱了就好

　　缘分有来，也会有去；缘分有深，也会有浅。在来来去去、深深浅浅中，人在变，感情也在变。有缘则聚，无缘则散，缘分似乎冥冥之中早已注定。已成的往事不能改写，未来的际遇不可预算。唯有从容去迎接事实，让爱情随缘而至。

有"半"的独立，才有爱的长久

　　《圣经》中说："如果你们想要天长地久地在一起，当你们要共进早餐的时候，不要在同一碗中分享；当你们要共享欢乐、饮酒小酌的时候，不要在同一杯中啜饮；其实你们就像一把琴上的两根弦，既是分开的也是分不开的；像一座神殿的两根柱子，你们既是独立的也是不独立的。"

　　爱情，是让人找到生命中的另外一半，从而圆满彼此的人生。然而，在相处中却要知道，即使是"伴"也是由两个一半的个体组成的，需要守得这"半"的独立性，才能爱情长存。

　　相爱中的两个人总以为亲密无间是维持恋爱关系的最佳状态，于是巴不得两个人时时刻刻能够腻在一起，耳鬓厮磨。但是亲密过度，人在幸福之余就会感到"有点累，有点烦"，生活中的矛盾也就不断增多了。

这就如同两只刺猬相互取暖一样。靠得太近的话身上的刺就会刺伤彼此。难怪有人说："两个人相爱，就像两只刺猬在一起取暖，靠得太远了起不到取暖的效果，靠得太近了又会因为没有自由的空间而伤害到彼此。"

有一对夫妇，每天先生上班后，身为家庭主妇的太太就一个人在家买菜、做饭、看电视、锻炼身体等，时间完全由自己安排，做一切事情都无拘无束，就连拖地板也爱哼着歌儿。夫妻感情更是深厚，互不猜疑。

为了能尽量多地陪陪妻子，在设计院工作的先生忽然把工作室搬到了家里。刚一开始，夫妻两人还很快乐地在家一起做饭、吃饭，享受美好的二人时光，但时间不久，夫妻之间就爆发了玫瑰战争。

先生开始觉得太太横看竖看都不顺眼，一会儿指责她打扫卫生的动静太大影响了他工作，一会儿又责怪她边看电视边摘菜做事没个做事的样子，再不就嫌她炒的菜太咸或者太淡了。在先生的抱怨声中，太太也开始觉得和先生特别难相处。为了不影响先生的工作，她每天只好看着哑巴电视，做饭、打扫卫生更是蹑手蹑脚，不敢发出一丝声响。久而久之，她觉得生活不再有乐趣，情绪变得十分消沉。

毫无疑问，两人的生活距离近了，可是心理距离却渐行渐远了。爱是需要距离的，夫妻之间不可能时刻都亲密无间，否则爱情之花很容易凋谢。

因此，两个人无论关系再怎样亲密，也必须有一定的距离。都说距离产生美，但是夫妻之间怎样的距离才会产生美呢？这个距离其实就是我们今天要说的，亲密有间的这个"间"。

亲密要有"间"，并不是要你离爱人远远的，而是适当地不在一起，这可以让再次相处的双方激情锐增，让爱情的感觉更加新鲜刺激，这样的恋爱才是生机勃勃、令人心情舒畅的。这正印证了"小别胜新婚"这句名言。

樊辉和老公同在广州上班，"朝九晚五"的他们无论在工作上还是生活上都十分规律，当对方的吃喝拉撒全部出现在视线范围之内，相处时间长了，两个人那种恋爱的感觉也就慢慢淡化了，生活矛盾也就多了起来。

这让樊辉不得不思考应该怎样给爱情保鲜，把婚姻经营下去。经过一番思索之后，她跟老公提出了一个新的出路尝试"分居"。两人一人一间房，按各自喜欢的方式摆设，共同点是两人的房间各有一张大床。

现在，他们可以随心所欲地在自己的房间里做喜欢的事情，想念对方时就在自己或者对方的床上"浪漫"，热烈的翻云覆雨过后，两人互道一声"晚安"，然后回各自的房间睡觉。如今两人结婚已经一年多，仍然觉得跟恋爱时的感觉一样。

因此，真心相爱的两个人就不必非要时时刻刻黏在一起，要给彼此独立的空间和时间。保留彼此一半的自由，谁也不束缚谁，到头来仍然是谁也离不开谁，关系拉得开但又扯不断，这才是完美的距离、完美的恋爱关系。

爱情，只是人生幸福的一半

常听人说，爱情不是生活的全部。可是，太多的年轻人总是将爱情当作唯一，把爱情作为自己的唯一信仰，这样就把爱当成了生活的唯一主题。把一个不应该是生命全部的东西装满了整个心，不知道是空虚还是充实。

爱情不过是生活中很小的一半。在我们的人生中，亲情、友情、事业、快乐无不占据着重要的份额。要懂得把爱情放在生命中一半的地方，留出一半来接受其他美好。

或许，陷入爱河的人，一开始是充实的。然而，等他发现自己除了爱情之外一无所有的时候，就会有一种前所未有的空虚感。这个时候，我们才会猛然发现：原来，爱情并不能占据生活的全部。对于爱情太过感情用事，只能毁了自己，毁了生活。

张小姐前几天失恋了，可是她一直不能从失恋的阴影中走出来，一遇见朋友就诉说着自己的不幸，一会儿痛哭失声，一会儿又破口大骂。她的委屈和愤怒无非是："我为了他失去了所有，忽略了家人，疏远了朋友，一心只在他的身上，可是他却辜负了我，我不知道我的生活还有什么意义？"朋友都劝她想开一些，失恋是很正常的事情，没有必要一直活在痛苦的阴影里。

可是，张小姐陷得太深了，除了整天围着她的男朋友转之外，不知道自己还能做什么。张小姐发现自己的人生失去了方向，变得很迷茫。甚至，她还想到了自杀，幸好有家人天天看着她才没有出什么事。虽然她知道自己整天在痛苦中情绪失控，大吵大闹很不好，对不起家人和朋友，可是她不知道该怎么办。

从这个故事中，我们看到了把爱情作为自己人生的全部的张小姐的痛苦和无奈。虽然，我们并不能感同身受她的愤怒和焦躁，但是我们知道她的做法是不对的。没有必要太痴于不属于你的爱情，不如找一些别的事情转移一下自己的注意力。

或许，身为局外人的我们会说："不就是失恋吗？有什么大不了，'天涯何处无芳草'嘛！何必那样折磨自己？"是的，大道理我们都懂，可是一旦我们陷入张小姐那种把爱情当作生活的全部的境地时，我们也会无法自拔。

事实上，无论痛苦或是快乐，爱情对于我们每一个人的意义都是非凡的。没有爱情的生活仿佛白开水，寡然无味。不过，人生还有很多的事情，爱情不是生活的全部，它不过是生活的一部分。

其实，人生中有许多事情都需要我们花心思去做，做好了这些事情我们的生活才显得多彩、有意义。如果自己把爱情当作了生活的全部，一旦失去爱情自己的状况又是怎样，能不能很快走出困境？因此，爱情不能盲目，不能爱就爱得什么都不顾，爱情的感觉是两个人的事，爱情的发展、过程及结果却是关于很多人的事，包括家人、朋友、同学、同事还有其他社会群体。如果你对这种思考很不屑的话，很遗憾你还没有完全成熟。

下面是一个年轻人和女友分手时写的一些心情，从这里面我们不难看出爱情的艰苦。

我和她终于成为了擦肩而过的陌生人。分手时，我狠心地删除她的手机号、QQ号，又撕毁了两人的合影，清除了有关她的一切。我以为这样就可以忘记她，可是没有过多久我就会反反复复地加她为 QQ 好友，然后又删除，又再加为好友。可是在与她聊天时，她却对我爱答不理，原来我的爱情这么卑微。

看着她过得那么逍遥自在，我的心里很憋屈。在一起那么久，我总是把最好的都给她，嘘寒问暖，无微不至，甚至连哥们让我去打球、喝酒的时间都挤掉来陪她，可是她还是伤了我的心。是我爱得太深，付出得太多了，所以她不懂得珍惜吗？我该怎么办，是追回她，还是放手？

的确，每个人都有意或是无意地扮演着这样一个角色：伤人、被伤、愤恨、追悔，然后再无止境地循环往复。当有一天，我们发觉自己成熟了，可隔段时间又想起往事，还会情绪失控。说得残忍一点，爱情的痛苦结局都只不过是自作自受而已。

千万不要把爱情和爱人当成你生活的全部，否则你随时可能会失去自己。只注重爱情的人，就好比被关在一间封闭的房子里，只有一扇"爱情之窗"供你呼吸，一旦窗户关闭，你就只能窒息。

爱情只是人生幸福的一半。所以，我们要多为自己的生活开几扇窗户，比如亲情、友情、事业……这样，我们就不会轻易地依赖上那一种感情和那一个人，然后也不会因为这单一的依靠的离去而一蹶不振了。有了独立的思想和人格，就不会显得那么卑贱，那么的可有可无了。

不适合你的人，再美丽也是个错

爱情中，激情是一半，而激情过后，合适的两个人才能走到最后。

有人说，爱情没有好不好，只有合适不合适。世界上既有看上去极为相配的情侣，他们男才女貌，性格互补，事业家庭蒸蒸日上；也有那种看上去完全不配的夫妻，看上去不那么"门当户对"，但这些人的幸福是一样的，后者的幸福感并不比前者低。因为合适，所以满足，所以安心，找一个合适的人，就是给自己的爱情买了一份终身保险。

方舒是上海一家金融公司的高层员工，从业十年，她的职位越来越高，感情也从稚嫩走向成熟。方舒毕业于复旦大学金融系，进入这家公司后，她的上级对她照顾有加，让独自居住在大都市、没有什么朋友的她感到温暖。再后来，她和这位上级成了恋人。

一年后方舒才知道，原来上级有夫人也有孩子，他们都定居在国外；上级是总公司派到分公司来工作的，只能在上海做五年左右的时间。上级表示，为了方舒，他会尽量延长在上海工作的时间，即使他以后调回总公司，他也能每个月，甚至每星期回来与方舒相聚。

这样的关系持续了将近两年，方舒为两个人的关系痛苦，又无法放弃这段爱情。有一天，方舒回到家乡和父母团聚，父母开心地请了一大家子的亲戚，方舒发现，自己的表妹表弟们基本都结了婚，一对一对恩恩爱爱。当长辈们问起方舒的终身问题，方舒苦笑一下，说自己还没有考虑。

回到上海后，方舒切断了和那个上级的一切联系，她知道自己想要的爱人应该随时随地都能陪在自己身边，既然自己找错了，那就应该以最快的速度改掉这个错误。

不合适的两个人，就像一只孔雀和一只黄莺，是都很美丽，但却不可能成为幸福的一对。不适合的人在一起，总免不了磕磕碰碰，争吵不休。他们固然是相爱的，但相爱简单相处难，爱情并不仅仅是一时的激情，还有长久的相处。两个人的相处需要磨合，一旦磨合失败，在一起就会变成双方的痛苦，甚至到了最后，连最初的激情都会被磨平，两个人成为怨偶，这样的关系只能以分手告终。

年底，家里进行大扫除，女儿负责打扫地下室的仓库，她无意中发现了父亲年轻时的日记，日记里写了父亲对过去女朋友的爱恋，还夹了那个女孩的照片。女儿回想起父亲母亲从来没提过这个女孩，也许母亲根本不知道这个女孩的存在吧？女儿将日记本压进箱底，她不希望有什么事破坏父母的感情。

可是，当天晚上，母亲还是看到了这本日记，原因是她刚好去地下室找东西，女儿以为母亲会大发雷霆，或者很伤心，母亲却很平静地将那本日记放回原位，对女儿说："我知道这个女孩，年轻的时候，她是你父亲的女朋友，他们因为个性不合分手。每个人或多或少都追求过不适合自己的东西，就算分手了，也不能放下。"

"妈妈，你真的不生气吗？"女儿问。

"为什么要生气呢？我和你爸爸现在难道不幸福吗？"母亲反问。

女儿意外发现父亲的秘密——父亲曾经爱过别的女人。更让她没想到的是母亲不但知道，而且很大度。母亲说只要现在是幸福的，就不必为过去介怀。过去发生的一切都是生命的一部分，难以忘记，会珍惜是人之常情，但每个人都生活在现在。

心理学研究表明，越是得不到的东西，人们就越不想放弃，所以人们即使知道现在的爱人不适合自己，现在的爱情并不美好，也不愿意放弃，因为他们远远没有达到想要的目的。他们幻想不适合的人有一天会变得适合，但爱情就像买鞋子，合不合脚只有自己知道，只差一个号码，穿久了能习惯。若差得太多，受罪的是自己的脚，浪费的是那双鞋子。因为"不适合"这种理由分手，本身就代表了一种对自己的否定，充满了不甘心。而明知道不适合还要在一起，就是自讨苦吃。

有时候人们愿意坚持错误，认为只要努力就能将错误更正，感情来之不易，好不容易爱上一个人，怎么能说放就放？这样的人注定要受爱情折磨，极少数人修成正果，多数人都在现实与理想的差距下惨败而归，满身伤痕。只要不后悔，经历一次这样的爱情也很好，至少让人生完整。但那个和你过一辈子的，只能是适合你的人。

激情是爱情的一半，爱情初来的时候，激情会迷惑人的眼睛。而合适是爱情的另一半，当激情退去，只有合适，才能让两个人长相厮守。

抓紧不合适的爱情，就像舍不得放下一双不合脚又很美丽的鞋子，一次次对自己描述这双鞋子的优点，但这双鞋子就算再好，不是穿着太大，就是穿着挤脚。天长日久，穿它的人也会厌烦。不适合就是不适合，再美丽也和自己无关，不如放下它，让自己轻松。面对不适合的爱情，早一点放手，早一点离开，你失去的仅仅是一个不会给你带来更多幸福的人。人生可以有一时遗憾，但不能终身遗憾。

食之无肉的鸡肋，不如毅然放弃

世事无常，人的一生中会遇到很多"不按常理出牌"的时候：有时候，我们会受到幸运女神的眷顾，收获意想不到的幸福，例如爱情，例如受到老板的赏识，甚至买彩票中了大奖，等等；但同时，也会突发一些状况，让许多人感到痛不欲生，比如生意的失败、恋人的分手、亲人的离去……得，大喜；失，大悲。

对于失去的，如果百般努力却成功无期，那么就没必要总想着一味地去挽回。不妨学会放弃，换一种活法，或许就会有另一番情境。面对食之无肉弃之可惜的鸡肋，不如毅然放弃。无味的东西，再啃下去亦无多少意义。面对一条无路可走的死胡同，则必须赶紧放弃；必要的回头，会让我们绝处逢生。这时的放弃是一种豪气、一种睿智，是更深层面的进取。

失去了，调整心态、豁达胸襟，敢于面对现实，认真分析形势，更加珍惜现在的拥有。如果为一时的失去而耿耿于怀，数次三番地纠结于挽回的辛劳中，那么也许永远也走不出"失"的阴影，看不到"得"的危险。如此，快乐与幸福将永远与我们无缘。

这是一位离婚女士写的博客：

"你现在做什么呢，是不是已经结婚了，很快乐地过着自己的日子？我想了无数次要离开这里，离开这个伤心之地。但是我还有自己的责任，我必须挺住，直到最后一刻，直到佛陀召唤我的时候。多么希望那一刻早些到来，我可以微笑地走到另一个世界，微笑地看着你。能够每天看着你幸福地生活，我心满意足。

可是对于现在发生的一切，我没有一点挽回的办法，我的心在哭泣、在流血。佛陀，你愿意帮助我吗？我愿意付出一切，来实现自己那平凡的心愿，哪怕下辈子受苦……"

这是一位有过三年婚姻，最后被婚姻背叛的女性写下的一番刻骨的话语。三年里，人们没有见过她的笑脸。而她也不能听到悲伤的情歌和与上段婚姻相关的词语。她说："无论是闭上眼睛还是睁着眼睛，事情就好像发生在昨天，怎么也抹不去。"

就因为她始终走不出悲伤的情绪，让一段原本可以开始的崭新爱情在有可能来到的幸福面前戛然止步。

爱上她的是一个没有婚姻经历的小伙子，因工作接触，爱上了她的温柔和善良。

交往了一年后，小伙子向她提出回家见见父母，把婚事定下来。她却犹豫不决，虽然最后同意了，但那一天她还是失约没有出现。

最后，小伙子只好黯然离开。

失去一段人生中最缤纷的感情，其伤害对于婚姻双方而言，也许都是刻骨铭心的。生活的点点滴滴早已深深印在记忆里。可人生不会因为离婚就终止，不能因为错过了就绝望，更不能因为无谓的挽回而损毁了自己一生的幸福。

世界上只有两种可以称之为浪漫的情感，一种叫相濡以沫，另一种叫相忘于江湖。而人生中最令人惋惜的莫过于，因为错过了一棵树，就错过了整片森林；因为摘不到一颗星星，就放弃了整片天空。等年华不再时才发现，因为错过一次，所以错过了所有。《卧虎藏龙》里李慕白对师妹说过一句话："把手握紧，什么都没有，但把手张开就可以拥有一切。"

其实，这种对于失去而放手的心态又何止应在感情方面？生活中有太多不可挽回、更不必挽回的事物。苦苦贪恋一个不适合的职位，不但身心疲惫，而且还会让自己心力交瘁。因为力不从心，所以就要更加努力地扭转自己、适应岗位，努力去做自己难以承担但工作需要的事情。如此，倒不如面对现实，重新选择，给自己一个追求新目标的机会。

有一个青年从小就立志要当一名作家。为此，他坚持每天写作 500 字，十年如一日地努力着。可是多年的努力，却并没有让他梦想成真，所有的手笔没有丁点变成铅字。

就在三十而立的前一年，他总算收到了一封来自多年来一直坚持投稿刊物的信件，然而，却是一封退稿信。总编在信中写道："虽然你很努力，但我不得不遗憾地告诉你，你的知识面过于狭窄，生活经历也显得相对苍白……但我从你多年的来稿中发现，你的钢笔字越来越出色……"

这位青年叫张文举，已是当代赫赫有名的硬笔书法家。对于如何成功，他的理解是："一个人能否成功，理想很重要，勇气很重要，毅力也很重要。但更重要的是，人生路上要学会选择，更要懂得放弃。"

人生如果不懂得放弃不属于自己的东西，就不会珍惜身边的美好并拥有它。结果是，想要的追求不到，本来拥有的也失去了，从而变得一无所有。这正好应了那句话："人生最大的悲哀就在于，轻易地放弃了本该坚持的，却固执地坚持了本该放弃的。"

只有充分把握好执着与放弃的尺度，不过于强求，才有可能在不经意间找到真正适合并属于自己的东西。要知道，人生的风景并不是只有一处。当我们在为逝去的美景而哭泣时，眼前可能就是一幅更加绚丽的画卷。不要总沉醉于失去，不要总想着挽回。不放弃"得不到"的，又怎能注意到另一片天空？不放下过去，又怎会重获自由？

正确的放弃不是逃避与懦弱，而是一种知己知彼、审时度势的智慧。同时我们也应该明白，所有的开始都是美丽的，所有的结束也都是真实的。而一切震撼的心情，也许都只是我们走向泥潭的借口。人生犹如一部戏，每个人都是自己这部戏里的主角。然而，几乎没有人可以把自己的角色演到极致，而不留一丝遗憾。没有遗憾的人生不是完整的人生。所以，当我们再被某些事情缠绕得心力交瘁之时，不妨告诉自己：只有放下，才能重获快乐和自由；美好的人生需要的，不仅是力挽狂澜的勇气，还有敏于放弃的大能。

成功的人生，一半靠执着，一半靠放弃。只有放得下错的执念，才能开创新的辉煌。

爱情是"双人舞",不能上演"独角戏"

爱情最美之处,是让两个毫无血缘关系的人因为爱而走入彼此的生活,成为彼此的"另一半"。而成就这样美好的爱情,需要两个人各做一半的努力。

奥地利作家茨威格的小说《一个陌生女人的来信》里,有这样一个女人,她从小就喜欢住在同一楼上的一位作家。她认为这个男人十分英俊迷人,让她无法自拔。然而,男人是个风流的人,小女孩想不到如何才能独占这个比自己年长的男人,只能一直默默地暗恋。

后来,小女孩长大了,她鼓起勇气想和这个作家来往,哪怕仅仅是一夜情的关系,甚至还偷偷地为作家生了一个孩子。但是,她一直没有将自己的爱情告诉作家,作家甚至不记得她的存在。

临终前,她给作家写了一封信,详细地叙述了这么多年对作家的单恋,作家知道后十分感动。但是,他根本想不起这个女人究竟是谁,女人也没有给他留下任何寻找线索。

世界上最痛苦的是暗恋,所有的感情对方都不能体会,所有的奉献对方都没有察觉,所有的心血对方都不了解。一个人一味付出,另一个人不闻不问。巨大的失衡给人带来的永远是折磨多过愉悦,艰难多过享受。

很多年前,许茹芸的一首《独角戏》唱出了暗恋者和单恋者的心态:

"是谁导演这场戏，在这孤单角色里，对白都是自言自语，对手都是回忆，看不出什么结局。"无论是单恋还是暗恋，都是自怜的、悲伤的，那本不是爱情的常态。

简爱上了托克，托克却已经是一个有了家室的男子。但简却陷得很深，她不肯放手，苦苦追求着这份根本遥不可及的爱情。

托克深爱着自己的家庭和妻子，他不能接受简的这份痴情，却不懂得如何才能让简彻底死心。两个人，一个在拼命逃，一个在死命追，就这样过去了整整十年。

10 年后的简，如花的容颜已经凋谢，而托克也因为简的苦苦纠缠而整整痛苦了 10 年。有一天，他们终于心平气和地坐在了下来。

"简，这 10 年，我真的很痛苦……"托克哀求道。

"痛苦？我为了你付出了一切，难道只是让你痛苦……"简喃喃自语。

"正是因为你付出得太多了……越多我就越是感到痛苦……"托克已经不堪重负。

"10 年……我整整 10 年……我付出了这么多，你爱过我吗？"

"简，对不起……"

10 年，简听了无数次这样的结果，这一次却突然冷静下来。是啊，10年，整整 10 年，自己用 10 年的时间爱了一个从来没有爱过自己的人，这就是自己选择的人生啊！

美好的爱情应该是两个人的事，是两个人一起度过的日子，是两个人一起欣赏的风景，是两个人心心相印、齐心协力地朝着共同的目标前进。我国从古代就有"执子之手，与子偕老"这样的诗句，单恋者牵不到爱人的手，只能孑然一身走在人生道路上，这是太过偏执的结果。当别人成双入对，你一个人形单影只时，你怎么能有幸福？

　　每个人在内心深处都希望别人多为自己付出，但在两个人的爱情中，一旦一方付出太多，一方接受太多，反倒会造成两个人同时失去轻松的心情。一个在经年累月的奉献中感到厌倦，一个在长久的承担中想要逃避，这时候爱情不再是一件美好的事，而是成为一个沉重的负担。全心全意地付出收回的不是感动，而是怨怼。

　　每架天平都有一个重心，天平两边同时增加砝码，它才能保持平衡，一旦失衡，重心就会偏移。爱情是两个人的事，相互的给予才能维持心理和实际上的平衡。失衡的事物会偏离中心，这就是单恋者不幸福的原因。

　　徐志摩说："我将于茫茫人海寻找唯一之灵魂伴侣，得之，我幸；不得，我命。"与其迷恋一个并不爱自己的人，不如放开执念，去寻找真正的灵魂伴侣。爱情是双人戏，不能一个人演。只有两个人各付出一半的努力，才能从"半"成为"伴"，才能成就真正的爱情。

别痴，保留一份"错过"的美

在我们的生命中，有很多珍贵的东西，却总因为这样或那样的原因没有及时把握住，最终只能眼睁睁地看着它远去。为此，我们大加哀伤、难过，认为自己可能永远失去了。

其实，在很多时候，"错过"也是人生风景的一半。有些美丽是"可远观而不可亵玩"的，保留一份不曾接触的美，反而要比得到更恒久。而也是因为有了这不完美的一半人生，才懂得珍惜另一半的美好。

一个青年男子在熙熙攘攘的人群中看到了一个身材婀娜的女子，尽管与对方相隔甚远，但女子的倩影依然能令他怦然心动。于是，他便拼了命地挤到这个背影的身边，希望一睹对方的芳容，并渴望自己有机会与对方搭讪。

但是，当他走近这个女子，看到她的真实容颜时，不禁大失所望。脸上长满了青春痘，而且眼睛也不像他想象的那么明亮、有神……这与自己所设想的"正面"简直就是天壤之别！他逃也似的离开了，原本准备好的搭讪之语也一股脑儿地全都咽到了肚子里。

在远去的路上，男子为自己的行为懊悔不已，是自己的好奇心破坏了心中的那幅"美景"。

如果青年能够抑制住自己的怦然心动，珍存眼前的"背影"，不去急于看清对方的真实面目，可能就不会受到如此的"打击"了。与其这样，还不如错过，在自己心中保留一份完美的想象；而抓住了，反而让自己得到了满腹的失望。

这就是人生，当我们对眼前自认为美好的事物想象着它的真实面目时，一旦看到它不合人意甚至完全相反的本真时，自己的心灵就受到了巨大的打击。所以说，错过有错过的美丽，错过并不意味着失去，而是保留了一份对它的完美想象，舍去了见到本真的失望。

岩是一个事业有成的男人，而英是一个普通而平常的"上班族"。

一天，突然下起了瓢泼大雨，英忘了带伞。她只好无奈地站在公交站牌下等车。雨下个不停，英的公交车还没有来。眼看这车站上的人一个又一个上车离去，英顿时很懊恼自己今天竟是如此的粗心。

岩开着自己的车子在雨中行驶，他开得不是很快。他喜欢下雨，喜欢看雨中的一切。忽然，一个靓丽的身影映入眼帘。在公交车站旁站着一个女孩，个子虽不高但长得很有气质，雨水淋湿了她额前的秀发。岩看着看着竟不由自主地放慢了车速，最后停在车站的路边。

一辆又一辆公交车来了又走，女孩依然在车站等待。也许是她的车还没有来吧，岩这样想。其实眼前的英很让岩动心，雨中的她显得格外纯净自然，就像一朵刚刚盛开的白玉兰，纯净得让人忍不住多看几眼。

岩就这么看着，他不知道自己能不能邀她上车，然后送她回家。因为他们素不相识，即使他邀请了她，她也未必会答应，岩在心里猜测着。

雨就这么下着，而岩就这么看着，英就这么等着。

终于，英的车来了，她上车走了。岩看着她上了公交车，看着她在公交车里行走，他忽然觉得自己很失落。是因为她吗？他们并不相识，可是为什么自己不开车呢？难道自己真的喜欢上了一个素昧平生的女孩？岩摇了摇头，发动了车子。

就这样，岩和英继续着自己的生活，英并不知道那天有一个人在注视着她，并不知道当时的她在别人的心海里激起了层层涟漪。

事后，岩也曾后悔自己没有走出车子。假如当初他走出了车子，也许现在就知道她的身份了。可这一切都只是假如。岩独自笑了笑，其实错过了也好，虽然错过了，但在他的心里留下了美好的回忆，这也是一件美事。何况自己假如真的邀请她上车，也未必会得到应允。与其遭到拒绝，不如就这样错过。这并不代表失去，更何况本来就没有得到，哪来的失去呢？

人的一生总要错过很多，错过之后总会有人在遗憾、后悔。殊不知，错过有错过的美丽。也许正是昨天的错过，才成就了今日的美好。

生活中充满了"错过"，几多忧愁，几多相思。在我们停留在为错过而遗憾的不经意间，许多更美好的事物也许就会与我们擦肩而过。也许那些在不经意间错过的才是最美好的，如果只会停留在眼前错过的伤感中，那么无疑会错过更多。

人们总喜欢把错过和失去当成是人世间最遗憾的事情，却很少有人把其看作是人生最美丽的邂逅。凭着自己对未来的憧憬，告诫自己努力前行。在每一个相思的日子里，在每一个翘首以待的时刻，幸福地过着今生的分分秒秒。谁又能说，这样的"错过"不是人生另一半的美景呢？也许，这一次的错过就是下一次邂逅的开始。为自己保留一份美丽的空间，去迎接真正牵手一生的挚爱。

当爱已成往事，让一切随风而去

曾经听到有人说，当人开始沉湎于回忆过去的时候，也就是心态逐渐苍老的时候了。每个人都有属于自己的回忆，这些回忆有的是留恋曾经的美好，有的是耿耿于怀于过去的痛苦。人生中每一段记忆都是生命的慷慨馈赠，但是这些馈赠，应该成为照亮今后生活的明灯，而不应该成为禁锢生命的阴影。

在出生和死亡之间，我们总是正走在人生的一半，总有一半是失去的，一半是会来的。既然如此，何不坦然与失去的一半，期待着未来的一半。

亚瑟·戈登是《给年轻人最好的建议》一书的作者，是一位颇受欢迎的美国作家。一天，他去拜访精神病学专家布兰顿博士——这两位老朋友约好在饭店共进午餐。

亚瑟·戈登提前到了一会儿，他坐在沙发里悠闲地等着布兰顿博士。但是在独自等待的间隙里，他不知道为什么开始不自觉地回忆起不愉快的往事来。他面色沉重地坐在那儿发呆，直到布兰顿博士走到跟前都没发现。

博士看到他愁眉苦脸的样子就问："怎么了，亚瑟？"

"哦，是这样的，"亚瑟这才抬起头来，"我只是想起了过去的经历，感到很后悔。有很多事假如当初不那么做就好了。"

博士若有所思地说："吃过饭顺便去我的办公室坐坐吧，我想给你听些谈话录音。"到了办公室里，博士拿出一盘录音带："这是三个人的谈话，他们都存在不同的心理问题。"

磁带放过之后，博士问："告诉我这三个人的谈话有什么共同点？"亚瑟想了一会儿，并没有发现那三个人的谈话有什么共同之处。

"那么，让我告诉你吧。"博士开口道，"他们都不由自主地重复着同一句话——假如当初怎样怎样就好了。这句话就像毒药，它就是产生心理问题的根源。总是对过去念念不忘的人，又如何对未来和新生活倾注精力呢？你必须学会用另一句话代替它，那就是'下一次我会怎样怎样'。这句话能够愈合心灵的创伤，让你拥有健康积极的心态。"

生活，不仅要有回忆，更要懂得继续。该放手时切要放手，莫把回忆变成沉重的心灵包袱。更何况，人的生命有限，年轻人的时间尤其宝贵。当活在对失去的回忆中时，时间却并没有因任何理由而稍作须臾的停留。

所以，不要去贪恋已经逝去的过去，不要去争取根本不可能回头的曾经。假如纠结于过去，就无法全力追逐未来。每一段回忆，不论美好还是痛苦，都是对过去一段时间的总结，对人们来说，也许一生都难以忘怀。

但是难忘并不代表我们需要时时把它们翻出来缅怀，生活还要继续，偶尔的回忆若能带给我们一些反思，一些建设性的指导，那么它是有益的，若常常沉湎其中，停下了继续前行的脚步，那就不是幸事了。

新华网曾经报道了一对9·11的幸存者——简·波特和丹·波特的故事。

9·11之前，简·波特是美国银行的一名行政助理，她习惯每天提前一点来到办公室。2001年9月11日，简像往常一样来到世贸中心北塔81层的办公室为一天的工作做准备。突然，她听到了巨大的爆炸声，大楼剧烈地晃动起来。

那天，两架飞机撞击了纽约世贸中心的双子大楼。飞机的汽油顺着电梯流出并且迅速地被点燃，烟雾开始在整幢大楼里蔓延，温度迅速升高，屋顶开始洒水。简非常惊恐，她向消防通道跑去并从那下楼，还在途中救了一位腿部受伤的亚裔男子。

简幸运地走出了大楼，当她刚刚走进一个地铁站时，双子座的北塔轰然倒塌。当时她亲眼看到自己丈夫的朋友文尼·贾莫纳——4个女儿的爸爸再也没能从大楼里出来。简感觉那一刻很不真实，虽然当时她已经逃出了大楼，但是恍惚间又觉得自己仍在大楼里。

简的丈夫丹·波特是一名消防员，在妻子逃亡的时候，他正和其他消防队员一起第一时间进入了救援现场。

好多东西开始往下掉，不断有石块和其他东西砸到丹·波特的头盔上。在营救的过程中丹一直担心着简的安危，他希望在大楼里看到妻子，但同时又希望她不在楼里。在结束了第一阶段的救援任务后，丹绝望了，因为他并没有看到简的踪影。当时一路上有许多人的尸体，许多警察已经把尸体盖上。

丹最后的希望是几个街区以外的家。由于救援紧急，他没有带钥匙，破门而入后。妻子并不在，当时丹几近崩溃，倒在地上痛哭不止。然后，他爬起来，开始疯狂地打电话给所有简认识的人，期待着奇迹出现，但是没人知道简在哪里。

直到晚上，丹终于找到了简。两人只知道不停地感谢上帝给了他们一次重生的机会，然而他们的新生活将与此前截然不同。

丹一直参与世贸中心的救援及清理工作，一直到2002年8月清理工作完毕。但是，他和妻子都活得非常痛苦。他们的脑海中一直充斥着当时的画面，就像一层乌云压在心头。他们当时很没有耐心，每天都很烦躁，相当长的时间内都无法平静下来。

"9·11"改变了简和丹的一切,他们都出生、成长在纽约,他们爱这座魅力独特的城市,但是每当他们看到世贸遗址,心灵的创伤便一次次地被唤起。严重的心理压力不得不令他们做出了痛苦的决定——搬离纽约。

于是,丹决定在2002年的8月退休,他准备跟妻子重新找个地方安定下来,治愈伤口,重新开始,继续生活。于是简和丹搬到了距离纽约两小时车程的宾夕法尼亚州,在位于波科诺山脚下的安静小镇里开始了他们的新生活。

简找到了一份新工作,同时也开始了她新书《承蒙天恩》的写作。夫妻两个终于从过去的痛苦回忆中走了出来,继续他们的新生活。

人们难免怀念过去,不论悲哀欢喜,都是我们曾经经历过的人生,也是不可替代的珍贵回忆。如果现实生活不如意,人们就会倾向于美化过去。在他们心中,过去的天比现在蓝,过去的人比现在单纯,过去的感情比现在纯真,过去的一切都有明亮的色彩,而现实却是黯淡的、苦闷的。沉浸在这种怀旧情绪中,人的精神也跟着低落。

还有一些人,总是对过去受的伤害念念不忘,也许是受伤太深的缘故,他们总是反复诉说、悔恨,恨不得时间倒转重来一次,再做一次选择。他们认为自己是受害者,长久地抓着过去不放,希望给自己一个交代。事实上,过去就是过去,不会对你做出任何补偿。你缠着它,耽误的是你自己,为难的也是你自己。

每个年轻人都会有这样那样的回忆,比如学业上成功的快乐,比如与初恋情人分手时的痛苦,但是年轻人要学会拿得起,放得下。感情,会浓,也会变淡,往事已逝,即使有千般不愿,万般不舍,也阻止不了它的离去。

　　生命还要继续，生活还要前行，有时候执着于过去真的不如遗忘，特别是痛苦的回忆。有时候，遗忘就是最好的解脱。在被回忆困扰的第二天早上，打开窗户，让新鲜空气进来，选择遗忘，让过去的一切无影无踪。

　　所以，我们不要总生活在已经过去的那一半里，废墟上开不出美丽的花朵，只有走出过去，珍惜还未失去的那一半，不被回忆束缚，才能够走得更快，走得更远，走得更轻松，才能拥有真正的海阔天空。

　　如此，"一半"的人生，才有了全部的价值。

第四篇

半用半舍半行藏，半智半愚半圣贤

　　人这一生，看似在追求获得，但也在获得中失去，很多时候，反而是在失去的同时又有了新的所得。同样地，有人看起来智慧，却聪明反被聪明误，往往是那些半智半愚者更易驾驭人生。所以，懂得进退、刚柔相济的人，才是真的智者，才能收获更多。

第十章
可以舍，以退为进才有得

在生活中，我们确实需要前进，但是要记住，暂时的后退也可以换得未来的前进，暂时的舍去也能够换得更多的收获。

放下烦恼，快乐自然来

"世界上有 99% 的预期烦恼是不会发生的"，何必为这无法预知的明天而让眉间紧锁呢，何必为这尚未到来的明天让心灵阴翳呢？与其为明天忧虑，不如为今天努力。

现实生活中总有这样一些人，他们会情不自禁地为明天各种各样的事务忧虑不安，一串串的思绪在大脑中东飘西荡："明天早上我能够准时醒来吗？""明天我生了重病怎么办？""明天我遭遇意外怎么办？"

殊不知，烦恼并不像存折上的钱，我们支出来一点就会少一点。明天的事情该来的还是会来，今天的忧虑并不能够改变明天的状况。如果我们总是为明天忧虑，除了徒增烦恼、压力重重之外，根本不会有幸福而言。

有这样一个医科专业的大学生，临近毕业时他的生活中充满了忧虑："毕业后我该做些什么事情？该到什么地方去？""我能找到工作吗？万一找不到，我怎样才能谋生？""我是不是该自己创业，那创业会不会很艰难？我能坚持下去吗？"这些想法令他整天愁眉苦脸，寝食难安。

后来导师发现了这一问题，他找到这位大学生，意味深长地说："清扫落叶是一件极为辛苦的差事，但是昨天扫得很干净的院子，明天还是会落叶满地，因为只要一起风树叶就会落下来！傻孩子，不管你今天用多大的力气，还是要扫明天的落叶。明天的事情明天再想，让自己轻松一些吧！"

听了导师的话，这位大学生恍然大悟。

生在繁华都市之中，哪个人没有忧虑呢？没有人能真正做到无忧无虑，但"车到山前必有路，船到桥头自然直"。不要想太多有关明天的事，做好了今天就是为明天做准备，等明天的烦恼真来了再去考虑也为时不晚。这正如《圣经》里的那句话："不要为明天忧虑，明天自有明天的忧虑，一天的难处一天当就够了！"

也许很多人会说：人无远虑，必有近忧，为明天做计划是一种理智。是的，人是应该对明天有所计划，可是如果计划变成了对明天的忧虑，那就不算计划而是重担了，远虑也就成为了近忧。再形象一点地说，明天天有晴时，也有雨时，阳光灿烂的今天就整天打着雨伞，你说累不累呀？

"不雨花犹落，无风絮自飞"，大自然的消长、人生的境遇都是冥冥之中的安排，忧虑的心灵解不开明天的"千千结"，做好今天的事情又何须为明天忧心呢！我们不是超人，精力总是有限的，忧虑的心灵撑不动明天的"许多愁"，一天的忧虑一天当就足够了，明天的事情明天做未尝不可。

更何况，明天的大多数忧虑是毫无意义的，多数根本就不会发生。

"世界上有 99% 的预期烦恼是不会发生的，它们很有可能只存在于自我的想象中"，这是"二战"时期美国作家布莱克伍德的一句名言，也是他的亲身经历。

布莱克伍德的生活几乎是一帆风顺的，即使遇到一些烦心事，他也能从容不迫地应付。但是，1943 年夏天因为战争的到来，世界上的大多数担忧接二连三地向他袭来：他所办的商业学校因大多数男生应征入伍而出现严重的财政危机；他的大儿子在军中服役，生死未卜；他的女儿马上要高中毕业了，上大学需要一大笔学费；他的家乡一带要修建机场，土地房产基本上属无偿征收，赔偿费只有市价的 1/10……

一天下午，布莱克伍德坐在办公室里为这些事烦恼，他把这些担忧一条条地写下来，冥思苦想，却束手无策，最后只好把这张纸条放进抽屉。一年半之后的一天，在整理资料时，布莱克伍德无意中又发现了这张已经不记得自己写过的便条，而且这些担忧没有一项真正发生过。他担心他的商业学校无法办下去，但是政府却拨款训练退役军人，他的学校很快便招满了学生；他的儿子毫发无损地回来了；在女儿将入大学之前，他找到了一份兼职稽查工作，帮助她筹足了学费；住房附近发现了油田，他的房子不再被征收……

最后，布莱克伍德得出了一个结论："我以前也听人们谈起过，世界上绝大部分的烦恼都不会发生。对此我一直不太相信，直到我再看到自己这张烦恼单时，我才完全信服！为了根本不会发生的情况饱受煎熬，真是人生的一大悲哀！"后来他据此还写了一本书《99% 的烦恼其实不会发生》。

看见了吧！与其活在不可知的明天，不如活好已知的今天；与其活在尚未到来的明天，不如活好当下的今天。做好今天的事情，对生活心怀希望，就算所担忧的事情明天真的发生了，这种态度也会使事情朝着好的方向发展。

人生中，总有一半喜悦、一半忧虑，既然不可避免，何不抛开无谓的烦恼，多一点心态上的轻松？放下人生一半的烦恼，你会发现，生活还有多一半的美好。

天上的飞鸟不耕种也不收获，上天尚且要养活它。荒野的小草不吐蕊也不绚烂，阳光还是会照顾它。你呢，忧虑什么呢？人比飞鸟和野草贵重多了，上帝会弃你不顾吗？不必预支明天可能出现的烦恼，一天的难处一天担当就够了。由此，也定能获得内心的平静，聆听到生命中的幸福！

舍去不必要的行李，生命之舟需轻载

德川家康说过："人生不过是一场带着行李的旅行，我们只能不断向前走。在行走的过程中，要想使旅途轻松而快乐，就要懂得抛弃一些沉重的包袱。"天使之所以能够自由地飞行，是因为她有轻盈的翅膀；一旦系上了黄金，也就不再远翔了。

有个农夫步行去一个从未到过的村庄，走了很久之后，他突然发现想要到达那座村庄，还要经过一条河流，如果不渡河的话就得爬过一座高山。

怎么办呢？是渡过这条湍急的河流，还是辛苦地爬过高山？

在农夫陷入两难之时，他突然看见附近有棵大树。农夫灵机一动，他用随身携带的斧头把大树砍倒，将树干慢慢地砍凿成一个简易的独木舟，并用造独木舟的边角料为自己做了一个船桨。农夫很高兴，也很佩服自己的聪明，他轻松地坐着自造的独木舟达了对岸。

上岸后，农夫又要继续往前走，可是觉得这个独木舟帮了自己的大忙，而且融合了自己的智慧和辛勤的劳动，如果就这样抛弃了，实在很可惜！万一前面再遇到河流的话，自己也可以不用再花力气去重新造船。于是，农夫就决定背着独木舟上路，以备不时之需。

虽然农夫身体强壮，但是独木舟太重了，没过多久他就累得满头大汗。他只好边走边休息，就这样停停走走，最后才艰难地到达了目的地。

可惜的是，在后面的路中，农夫没有再遇到河流。他背着独木舟上路，整整多花了三倍的时间。

不需要了就扔掉。两千多年前，苏格拉底在熙熙攘攘的雅典集市上，看到许多奢侈品摊开出售的时候，他不禁叹道："这个世界有多少东西是我不需要的。"

独木舟是农夫劳动的成果，而且农夫又担心后面的途中可能还用得到，就选择背着独木舟上路。可惜，独木舟在后面的路途中没有发挥任何作用，那条被他当成宝贝一样的独木舟则成了阻碍他前行的包袱。如果农夫果断地放下独木舟，即便他后来又遇到了河流，重新打造一条船的时间也远远比他背负着独木舟行走的时间要少得多。

每个人来到这个世界上的时候，都背着一个空空的篓子。可是，人们习惯每走一步都要从这世界上捡一样东西放进自己的背篓中，所以就感觉越来越累。只有丢掉不需要的，才有精力珍惜最想呵护的东西，才能够除却繁杂，让自己活得轻松快乐。

人人都希望从一而终，然而现实中很多事不能从一而终，也没必要从一而终。人生本就是留下一半抛弃一半，得到一半失去一半，甜蜜一半苦涩一半。抛弃、失去、苦涩既然是人生必不可少的一半，那么就泰然处之。放下那一半生命不堪承受的重负，轻装上路，如此才能在不断失去、不断变幻的人生中走得更快、更远。

如果我们希望人生旅程是快乐而轻松的，就尽快放下身上的包袱，丢弃那些多余的负担，丢掉那些旧的恐惧、旧的束缚、旧的创伤，放下任何"不值得"背负的东西。在生活中，我们是否检查过自己有形或无形的"背包"呢？自己的背上扛了多少无价值的、不必要的包袱，又准备还要背负多久？

学会"半"的智慧，学会主动抛开生活中一半的重负，这才是在得失对半的人生中体会幸福的不二法门。

生命之舟需要轻载，如果行李太多，它将不堪负重，甚至有翻船的危险。卸下不必要的行李，轻装上阵，我们才能更加快速、顺利地到达成功的彼岸。

舍去，并不意味着失去

俗话说："舍得，舍得，有舍才有得。"简单的一句话，包含了人生中的处世智慧与深刻道理。

舍的一半便是得，而得的一半又是舍。不舍下过去，便无法迎接未来。而得到未来，就意味着舍去过去。

舍得，不是被动地失去，而是更高的境界，是主动地舍弃。完美的人生并不存在，所以对生活不可求全，求得一半的圆满，舍得另一半的缺憾，这样才是幸福的人生。

舍得，并不意味着失去，因为只有舍得才会有另一种获得。比如，你要想过田园诗意的生活，就要舍弃都市的繁华；要想做一名登山"发烧友"，就要舍去白净的肤色；要想穿越沙漠，就要暂时舍弃安逸舒适的自在生活。

总之，我们在得到某一样东西的时候，也必然失去另一样东西；同样地，在我们失去某种东西的时候，便得到了另外一种东西。

所以，没有绝对的获得，也没有绝对的失去。放弃，并不意味着失去。

一个年轻人在智者的带领下，来到一个神秘的仓库。智者告诉年轻人说，这个仓库里装着各种各样的宝贝。年轻人一看，在这些五光十色、绚烂夺目的宝贝上，都刻着清晰的文字：骄傲、快乐、爱情、幸福，等等。

智者说："你可以随意挑选你喜欢的宝贝。"年轻人听了，别提有多开心了，连忙将一件件宝贝往自己的口袋里装。

等到实在装不下了，年轻人才依依不舍地停止"拿宝行动"。然而此时，另一件事情却出现了，那就是因为宝贝太多，压得他一步也走不动。他只好向智者求助，智者表示没有别的办法，只能丢掉一些。

于是，年轻人忍痛割爱地拿出几件他认为不那么重要的宝贝。可是，这时候，他依然感到很沉重，他的身体仍然无法轻松地带着这些宝贝前行。

随之，智者又劝他说："你再翻一翻口袋，看看还有没有可以丢掉的东西？"年轻人又翻看了两遍，终于将沉重的"名"和"利"也翻出来丢掉了。这时候，他的口袋中只剩下四件宝贝，上面分别写着的是"谦虚""正直""快乐""爱情"。这样一来，年轻人感到轻松且快乐。可是，当他向前走了一段路之后，再一次感到疲惫乏力，而且这种疲惫让他感到前所未有，他真的累极了。

此时，智者缓缓地说道："孩子，你看看还有可以丢掉的东西吗？现在离家只有一小段路了。"

年轻人坐在地上思忖良久，终于拿出了标有"爱情"的那个宝贝，恋恋不舍地将它放在了路边。

虽然获得了三件宝贝，但是年轻人似乎并不快乐，他的心里还想着最后丢掉的那个写着"爱情"的宝贝。智者过来对他说："爱情虽然可以给你带来幸福和快乐，但是，它有时也会成为你的负担。等你恢复了体力还可以把它取回，对吗？"

第二天一早，年轻人恢复了体力，便顺着昨天的路仔细寻找，居然找回了"爱情"。他开心极了。这时候，智者不知道何时已站在他的身旁，拍了拍他的肩膀说道："我的孩子，你终于学会了放弃！"

这个故事让我们领略到，如果不懂得放弃，那么我们必将被身上的负累压垮，以至于无法前行。这时候的我们，即使身上载着价值连城的宝贝，也失去了人生的意义。

然而现实生活中，类似故事中年轻人的人却并不鲜见。他们不懂得放弃，在生活中总将两眼盯在眼前的利益上，不思考、不回头，岂不知，到头来越走路越窄，最后不知不觉钻进了牛角尖。这时候，恐怕也只剩自怨自艾、自暴自弃的份儿了。

舍得一半的失去，才能有另一半的得到，不懂得这个道理，就难以收获智慧生活。

世界上有一种东西，在你拥有的刹那，其实已经失去。换句话说，很多时候，放弃并不意味着失去，反而是另外一种获得。所以，当你的行为将要给自己或他人造成痛苦或伤害时，或者你的放弃会给自己或他人带来幸福和快乐时，请试着放弃。试着放弃，学会忘记，你将走出那片心灵的沼泽。

月有阴晴圆缺，笑看输赢得失

人生而在世，本来就是一个不断得而复失的过程。就其最终结果而言，失去比得到更为本质。随着整个生命的离去，我们所拥有的一切都将失去。世事无常，没有任何一样东西能够被永久地占有。既然如此，又何必患得患失？不如不困惑，不如不挣扎；得到时珍惜，失去时放手；安然于两者之间，心平而气和。

也许大多数人心里都明白，在漫漫人生长河中，得失是随时相伴的。而人生境界的区别就在于，大智者懂得平凡中自有升华的道理。每一次的觉悟和放弃，都是一次灵魂的洗礼。伤感过后，仍要回到现实生活中，日子并不会因为个人而改变。就在这叠进式的理解中，便会懂得超脱地望向未来。眼神里的凄楚，也因深刻而愈加美丽。

东晋大诗人陶渊明向来被世人奉为安贫乐道、高洁傲岸的精神典型，《五柳先生传》便足以为证：

"环堵萧然，不蔽风日；短褐穿结，箪瓢屡空，晏如也。常著文章自娱，颇示己志。忘怀得失，以此自终。"

想当初，那不为五斗米折腰的陶潜也曾有过报效天下之志，13 年的仕宦生活是他为实现"大济苍生"的理想抱负而不断尝试、不断失望、终至绝望的 13 年，然而终究赋《归去来兮辞》，挂印辞官，彻底与上层统治阶级决裂，毅然不与世俗同流合污。对于所谓的世事得失，怎一个潇洒了得。

回归故里后，陶渊明一直过着"夫耕于前，妻锄于后"的田亩生活。初时，生活尚可："方宅十余亩，草屋八九间""采菊东篱下，悠然见南山"，虽简朴，却乐在其中。

后住地失火，陶渊明举家迁移，生活便逐渐困难起来。如逢丰收，还可以"欢会酌春酒，摘我园中蔬"。如遇灾年，则"夏日抱长饥，寒夜列被眠"。然而，其安然于得失的本色，丝毫不改，稳于心中。

陶渊明的晚年生活愈加贫困，却始终保持着固穷守节的志趣，老而益坚。元嘉四年（427年）九月中旬，神志尚清时，他为自己写下了《挽歌诗》三首，在第三首诗中末两句说："死去何所道，托体同山阿。"如此平淡自然的生死观，情也飘逸，意也洒脱。

或许，陶先生的境界，我们一时无法企及，但至少能做到的便是抱有一颗淡泊明志、从简修行的心。平静面对得失，执着于自身超脱；固然炎凉冷暖，又何碍于以冷眼旁观，泰然自若。正像一代名臣曾国藩所说："得失有定数，求而不得者多矣，纵求而得，亦是命所应有。安然则受，未必不得，自多营营耳。"

得与失在我们心中可能只有一线之隔。安然看待得与失，需要一颗平常之心，一种淡然之态。坦然之后，才会有笑对，才会有幸福。

平日里，我们好像只关心自己已经失去的，一味地沉浸于喋喋不休的埋怨与追悔中，无形中留下了许多伤感与怨恨。其实，在漫漫旅途中，失去并不可怕。只要能够认识到这是一种常态，快乐与否，就只是我们内心看待得失角度的问题了。

四面八方的人都涌进了画室，据说他们要欣赏的都是大师之作，不仅历史悠久，而且摆出的画作堪称精品中的精品。除此之外，更吸引人的恐怕是根据画作内容增加的音乐欣赏。人们在欣赏的过程中，不仅能饱了眼福，还能饱了耳福，真所谓视听盛宴。

　　然而，在这些欣赏者中居然有一个盲人。只见他侧耳倾听着音乐，音乐时而凝重低缓，时而明快张扬，时而乌云滚滚，时而云开见日。盲人惊喜地拉着身边的人说："我看见了，我看见了，看见了小河流水，看见了细雨绵绵，看见了七彩之虹，也看到了多彩人生……"大厅里响起一片掌声，也许是激动，也许是震撼，也许是发自内心的感叹。因为那幅画的名字就叫《七彩人生》，而画中所描绘的景象和色彩和盲人说的如出一辙。人们知道，盲人真的看到了。

　　当人们为这位盲人欢呼的时候，画廊的另一侧也发出久久不落的掌声。原来，感动无处不在，正所谓无独有偶：一个听力失聪的孩子由父母陪同也来看画展。虽然他不知道声音为何物，不知道他所看的画作还有与之匹配的音乐，但这丝毫没有影响到他欣赏的心情。他仔细地看着，目不转睛、神情专注，然后忽然转身，微笑着大声对旁边的父母说："我听到了，听到了小鸟婉转歌唱，听到了流水潺潺，听到了有风儿呼啸、瀑布轰鸣，听到了远处的马蹄声，甚至听到了花开的声音，还有伙伴的读书声……"父母看着被称为《天籁》的画作，望着儿子那天真的微笑，泪水不禁冲出眼眶，笑意却舒展了面容。

　　前来观看画展的人们带着满满的收获回家了，这其中，两个身有缺陷的人在他们心中留下了深深的印记。

芸芸众生，茫茫人海，人们努力地追寻着幸福。然而，很多人却更容易沉浸在失去的痛苦中不能自拔，从而感到自己是那么不幸。其实，幸福是一个多元化的命题，只要用心感受，即使失去也是一种别样的幸福。只不过很多时候，我们身处幸福的山中，在远近高低的角度看到的总是别人的幸福风景，唯独没有悉心感受自己所拥有的幸福天地。

失去并不可怕，可怕的是我们不能够正视现实。当我们对失去感到遗憾的同时，可能就在不经意间得到了另一种收获。既然已经失去了，又何必耿耿于怀，纠缠于内心？放弃不必要的冥想，珍惜眼前的平凡；自娱自乐，心安理得。没有刻意的追求，便不会有失去的伤感和沉重。

半用半舍半行藏，半智半愚半圣贤。月无常圆，却不影响它的皎洁；花无常开，却不影响它的娇艳；春无常在，却不影响它的美丽。人生也总有一半的遗憾，却也并不影响它的美好。不要再让担忧与焦虑消耗我们的精力，摇摆的不安与得失间的平衡只是一念的意识。安然于得失，简明的心性，胸襟便自然豁达于明媚之中。

肯退一步，才能进一步

大多数人为选择而苦恼，本质都源于不懂得放弃、不甘心放弃。的确，人的一生中会面临数不胜数的各种选择，左右为难的情形会时常出现。是左是右、是取是舍，经常会把人推入矛盾、纠结，乃至无助、绝望的边缘，人们因为有多种选择而变成难以抉择。

人生如在舞台上演出。舞台的大小是有限的，只有退一半，进一半，才能给自己留足余地，跳出精彩的舞步。

然而，当我们逐渐参透了得失的智慧，练就了取舍的本领后，也许未来的视野即将会展现出另外一种截然不同而豁然开朗的景致。正所谓"鱼与熊掌不可兼得"，这个被历传经久的道理告诉我们，有舍才会有得。正如猎人不可能同时追赶两只兔子一样，为了得到一只，就必须放弃另外一只。懂得选择、勇于放弃，才是保持生命得以延续、得以平衡的智慧。

　　放弃是一种能力，明白自己应该坚持什么，又该放弃什么，这是一种大格局的果敢和胆识。试想，要获得成功，但又害怕经历磨难；想获得清闲而辞职在家，但是又会因为无所事事而失落；为了得到高薪而寻觅到了一份好工作，但是又感到责任太重、压力太大……如果总是这样患得患失，又怎能让自己的内心获得平静，收获快乐呢？

　　要知道，快乐与痛苦从来都不是孤立存在的，福和祸永远都是相依相衬的。一件事的正面是快乐，背面大多就是痛苦。如果想要得到，就必然要付出一定的代价。认清了这一点，就要时时刻刻多想想自己的所得，忘却自己的付出或所失，心中的不平衡自然也就会减少，甚至消失。面对人生，我们是自己唯一的导演，只有学会选择、懂得放弃，才能彻悟人生，才能拥有海阔天空的人生境界。

　　女孩学习很刻苦，她的理想很现实，就是希望大学毕业后能得到出国进修的机会或是找到一份待遇优厚的工作。没想到当她苦苦追寻的梦想都实现的那一刻，她却没有预期的欣喜，反而开始惆怅起来，因为当公费留学和优厚的工作同时摆在面前时，她不知道该如何选择了。

　　为了庆祝女儿的成绩，妈妈特意为她准备了一桌子丰盛的饭菜。席间，女儿把自己的烦恼告诉了妈妈。妈妈笑笑，随手夹起女儿最喜欢吃的酸菜鱼。但随即，母亲的眉宇间却突然变得忧郁起来，仿佛遇到了什么难事，筷子中的食物也在空中停滞了。

女儿赶忙关切地询问："妈妈，您怎么了？"

妈妈看着另一盘女儿喜欢吃的口水鸡，又看看筷子里的酸菜鱼，说："我也想给你夹口水鸡，可是现在没有办法做到"。

女儿笑妈妈老了："妈妈，你放下手里的酸菜鱼，不就可以夹到其他的菜了吗？"妈妈没有说话，只是看着自己的女儿。瞬间，女儿似乎明白了什么，低下了头。

"孩子，没有放弃，就无所谓选择。只有你放弃了手中的这样东西，才可以拿起其他的东西。一个人选择得当，是因为放弃适宜。每选择一次，就等于放弃一次，也可能遗憾一次。但是如果你不选择、不放弃，那么就连遗憾的资格都没有了。"妈妈满脸严肃地说。

听完妈妈的话，女孩毅然放弃了待遇优厚的工作，三年后归国，已然硕果累累。而且，她再也不会为选择所累，不再为放弃所伤。

学会放弃才能够成功。人生苦短，越想多得到一些，就越需要放弃另一些。应该肯定的是，不做选择、不敢放弃的人是痛苦的。懂得果敢的放弃和义无反顾的选择，是一种智慧。也只有这样的人才会活得快乐，活得潇洒，从而拥有心灵上的平衡。

古人云，"鱼与熊掌不可兼得"；智者曰，"两弊相衡取其轻，两利相权取其重"。放弃和选择本来就是相辅相成。能否舍弃人生路上必须舍弃的东西，这或许是衡量一个人是否成熟、是否具有智慧的一个重要标准。因为只有当一个人能够冷静而准确地认识自己、认识环境，能够理性、客观地规划自己的理想与生活的时候，他才敢舍弃，他才能够舍弃。舍弃是大自然的规律，是生存的一种与生俱来的方式，更是勇者与智者的修炼。

没有一半的退哪来一半的进。人生的智慧，就在这退与进之间，一半与一半之间。

面对人生，就让我们以闲看云卷云舒、花开花落的心境，从容地去选择。选择一种气度，选择一种风范，选择一种壮美。有所选择，有所放弃，方能在不断的摇摆中寻找到动态中的平衡，在不定的纠结中觅得到坦然的平静。

明智的舍弃会是一种更大的获得

得与失从来都是相对而言的，没有绝对的得，也没有绝对的失。很多时候，得与失还可以相互转化。就像那个经典的"塞翁失马"的故事一样，丢了马好像是件坏事，可是又因此得到了更多的好马，又怎知不是另一种获得的福气呢？

我们的生活中，若没有一半的坏事发生，我们又怎会懂得因为一半的好事而快乐。如果没有一半的舍弃，又怎么能奢望一半的获得呢？

我们经常说舍得，舍即失，得即获。之所以叫舍得，就是要先舍而后才能得。在生活中，我们每一个人时刻都在舍与得的选择中摇摆。只是更多的人总是渴望得到，渴望占有，从而忽略了主动的"失去"。岂不知失之东隅，收之桑榆，在失去的同时，往往就意味着获得。

懂得了舍得的道理，也就懂得了失去的真意。荣辱得失便都只是浮云缭绕，我们的内心也就更容易获得宁静的平衡，从而收获更多的快乐。

当我们还是孩子的时候，大人会教给我们一个道理：如果手里有一个橘子，那么千万不要在伙伴面前把它都吃掉。因为如果一个人把这个橘子都吃了，你吃的只不过是一个橘子而已；你得到的只是一种水果，除此以外，再无其他。

但是，如果你把这个橘子分开，和周围的伙伴一起吃，尽管表面上你只吃到了整个橘子的一部分，失去了绝大部分的美味，但实际上你却得到了其他同伴的友谊。

等到以后别人有了水果时，自然就会想到你曾经分给的橘子，大都也愿意和你一起分享。如此一来，你会从这个人手里得到一个香蕉，那个人手里得到一个梨，另外一个人手上得到一个桃。在你得到更多不同水果的同时，也收获了更多真挚的友谊。

失去大半个橘子的同时，其实是得到了另一种收获的机会。那些橘子就像一个个友谊的种子，播撒在小伙伴的心里。等到这些种子生根发芽以后，等待我们的将是硕果累累的情义。这样的失去难道不比一味地固守或索取更有价值吗？

在自然界中，有太多不以得到为目的的付出，无一不体现着一个道理：失去，亦是另一种获得，甚至是更大、更深层次的获得。就像农人耕耘，其实并不一定单单只有一个收获的目的。其中，他们撒种、除草、施肥、灌溉，俯仰于天地之间，挥汗于四季之时，作为一个农人的价值也就在此过程中得到了体现。当秋收的时候，田地里所长出的每一粒粮食实际上都是对农忙的一种褒扬和回馈。他们并没有一味地索取百亩田、千吨粮，只是天道酬勤，农田因感受到了他们的付出，那颗颗种子也就更有力地破土而出。这种收获亦是一种失去计较后潜心付出的惊喜。

但往往人们在做出一项决策或付出某些努力之前，总喜欢权衡利害得失，这本是人之常情，无可厚非。但有些人却沉溺于一味地索取之中，或纠结于事情的结果，或斤斤计较于可能付出的代价，这就不免错失很多良机，或者使本该快乐充实的奋斗过程背上了沉重而痛苦的包袱。"不播春风，难得夏雨"。倘若总问收成，等价交换，结果只能是空无一物。

曾经有一位非常富有的财主，最大的毛病就是吝啬。他从来不和别人分享自己的财富，即使是对自己的妻子、儿女，也不愿轻易拿出一分一毫。就因为他把钱财看得紧紧的，从来不舍得给予他人，所以大家给他起了个外号——"铁公鸡"。

这个财主不仅吝啬，而且少言寡语，从来都不和别人说笑，更不愿把自己的心事告诉别人，总是一个人默默地躲在角落里。慢慢地，大家都疏远了他，没有一个人愿意和他多说一句话，因为确实也无话可说。

随着时间的流逝，财主老了，他逐渐感受到了一个人的孤独和寂寞。为了让自己快乐一点，他试图去改变这种局面，但是别人都已经习惯了远离他，所以一时间，财主根本找不到能够接受他的人。

绝望的财主想到了死。于是，在一个月光清幽的晚上，他来到河边想一死了之，却被一个远道而来的禅师拦住了。禅师一一询问原因："是不是儿女不孝，抑或与妻子关系不和，还是生活没有依靠？"财主不停地摇头，表示都不是。禅师又问了他许多问题，财主还是一言不发，总是摇头表示否定。

最后，他终于开口了，他把大家对他的态度还有自己的苦恼说给禅师听，禅师也明白了问题出在了哪儿。

"现在你开心一些了吗？"禅师说。

财主点点头。

禅师又说："你的开心是因为我分享了你的苦恼。所以，你现在会比较舒服一点。"

财主觉得很有道理，不禁向禅师请教。

　　禅师正色道："你的苦恼是因为没有人分享你的苦恼，也没有人和你共享快乐。假如你能把你的快乐和财富和周围人分享一下，你同样也会感到快乐。你过去被大家疏远，是因为你把一切都看得太严，不愿让别人与你分享。所以，你的世界会越来越小。要想改变这种局面，只有先从你自己做起。"

　　听了禅师的话，财主恍然大悟。他高高兴兴地回到家中，一改往日的吝啬和刻薄，不管是一杯"羹"，还是一块"金"，都乐意和大家一起共享。久而久之，大家终于接受了他。他的快乐越来越多，心情也越来越好。

　　吝啬的财主好像拥有很多财富，但是，除了这些财富，他就一无所有了，没有亲人的关怀，没有朋友的关爱，更没有生活的幸福。这一切的不愉快都是因为他不懂得"舍"的道理。当财主不再吝啬时，好像失去了一些财富，但他却得到了更重要的东西精神上的快乐。

　　用拥有的东西，去换取对我们来说更加重要和丰富的东西，这就是"失"的含义，也是我们生活中快乐的源泉。

　　正如泰戈尔所说："我们的生命是天赋的，我们唯有献出生命，才能得到生命。"摒弃一味索取，甘于失去，学会付出，我们就会拥有越来越多可以付出、可以分享、可以给予和可以帮助的收获。失去一半，将来的获得才会更加恒稳；付出一半，生命才会因充满了爱意而更显优雅。

第十一章
可以柔，以柔克刚得安然

水，善利万物而不争，以柔克刚而不显。其实，要想让自己活得自在、安然，首先得有水一样柔韧的气质、宽厚的胸怀，不较真、不钻牛角尖。正所谓得饶人处且饶人，该糊涂时就糊涂。

别太较真，该糊涂时就糊涂

聪明难，糊涂更难。我们大都知道郑板桥"难得糊涂"四字，其旨在告诫我们，凡事不必锱铢必较，有时候留一半清醒留一半糊涂，反而是为人处世的最高境界。

有一年，郑板桥专程来到山东莱州的云峰山观仰郑文公碑，因天色已晚而不得不借宿于山间的一处茅屋。

进屋后，眼前一位儒雅老翁，自然是小屋的主人，热情地招待了郑板桥。老人出语不凡，自命"糊涂老人"。

交谈中，老人请郑板桥欣赏陈列在屋中的一方砚台。砚台如方桌般大小，石质细腻、镂刻精良，让郑板桥大开眼界。

后老人又请郑板桥题字，以便刻于砚台背面。郑板桥则自觉老人必有来历，便题写了"难得糊涂"四个字，用了"康熙秀才雍正举人乾隆进士"方印。

因砚台颇大，尚有余地，郑板桥则请老先生也写一段跋语。俯仰间，一段小楷便赫然而现："得美石难，得顽石尤难，由美石而转入顽石更难。美于中，顽于外，藏野人之庐，不入富贵之门也。"随后也用了一块方印，印上的字却是"院试第一，乡试第二，殿试第三。"

郑板桥大惊，细谈之下才知道老人原来是一位隐退的官员，又有感于糊涂老人的命名，见还有空隙，便也补写了一段："聪明难，糊涂尤难，由聪明而转入糊涂更难。放一着，退一步，当下安心，非图后来报也。"这就是"难得糊涂"的由来。

人生在世，又岂有时时顺心、事事如意？如此，做人就别太纠结，该糊涂的时候就不要顾及自己的面子、学识、权势，而一定要糊涂。只有放下复杂的构思，拾起简单的方式，才可不为烦恼所扰，不为人事所累。

与人交往时，糊涂有时是润滑剂，在自信与亲和的衬托下便拉近了彼此的距离。与事相处时，糊涂有时是助推器，在置身事外的分析中便解决了久困不殆的问题。这是一种大彻大悟的理解，体现了一种智慧大简的境界。而过分较真、过于追求完美，有时反而适得其反。

一位得道高僧自感年老体衰，决定从自己门下的两个得意弟子中选出一个衣钵传人。而高僧对两个徒弟的考核也很简单：各自出门去捡一片最完美的树叶，谁找到了谁就可以继承遗志。

两个徒弟听到师父的题目后，没有多想就领命而去，各自奔走。

没过多久，大徒弟拿着一片非常普通的树叶回来了。这片叶子看上去没有任何特别之处，更谈不上所谓的完美。

而后，又过了很长时间，小徒弟才回来。他两手空空，非常沮丧地对师傅说："我看到外面有许多的叶子，但是按照您的要求，我看到这片叶子不如那片叶子好看，那片叶子又不如下一个完美；挑来挑去，我怎么也找不出一片最完美的树叶。"

高僧拿着大徒弟带回来的叶子，颇有深意地对他说："这片树叶虽然并不完美，但是它已经是我看到最完美的树叶，因为我已经从你的身上看到了我所需要的东西"。

结果不言自明，大徒弟得到了继承了高僧的真传。对此，两个弟子的师父进一步向他们解释说："其实，世界上本来就没有绝对的完美。如果事物都完美了，又哪里还有喜怒哀乐，又哪里会有生态万千？我们每天的修行也就没有意义了。修行的目的就是为了去除心中的杂念，让自己的心境尽量达到完美。"

大徒弟的过人之处就在于他的大彻大悟让他明白这个世界上本来就没有完美的树叶，该糊涂时就要糊涂，不能一味地较真。

其实，人生亦如此，没有所谓的绝对完美；而我们立世做人，也不可能时时拔高显精。对于那些不可能达到的程度，我们完全可以糊涂一下，退而求其次。只要心中不再自我纠缠，那么我们的人生就会变得相对"完美"，那些人生中不可避免的瑕疵，也会在糊涂的感觉中变得不再那么难以忍受。

难得糊涂是一种经历，只有饱经风霜的人才能深得真谛。难得糊涂是一种境界，只有心中目标恒久的人，才会对细枝末节不屑一顾，才会着眼大方向、统领大局面。难得糊涂是一种资格，名利淡泊、宁静致远的人，他们内涵丰富、底蕴深厚，以平常、平静之心对待人生，泰然安详。难得糊涂也是一种智慧，在纷繁变幻的世道中，能看透事物，看破人性，知风云变幻、处轻重缓急。难得糊涂更是一种做人的方式，只有胸襟坦荡、超凡脱俗之人才能拥有如此包容万象的气度。

太过精明的人活得太累、太计较，反不如半智半愚，才可逍遥如仙。

看破红尘便是仙，无为中道是有为。此时的糊涂并非懦弱，而是不屑于周围的蝇营狗苟、纷繁复杂，转换成另一份虚怀若谷的心境，保持好另一种淡泊空灵的风格。如此，才会换来潇洒自由的人生活法。

以柔克刚，少点积怨多点和乐

有时候我们没有做错什么事，却突然被欺负、被责骂，委屈的我们可能会为此和欺负、责骂我们的人对着干，怎么强硬怎么来。然而，当我们以牙还牙，以眼还眼时，却往往事与愿违。

导致事情不顺的原因就是有些人是吃软不吃硬的，你态度越强硬，他们越会针锋相对。如果不分场合跟对方吵起来，不给对方一点台阶下，对方可能会反咬一口。

在美国经济萧条的时期，一位贫困的18岁的美国姑娘在朋友的帮助下终于找到一份在高级饰品店当售货员的工作。

一天，当她把柜台里的戒指拿出来整理时，刚好有一个中年男子从门外走进来，尽管那男子衣衫褴褛，眼神却很犀利，一副很骄傲的样子。他用一种贪婪的目光盯着那些高级首饰，眼睛微微有些亮光。

突然，姑娘的电话铃响了，在她慌忙去接电话时，一个不小心，就把盛着六枚钻戒的盒子碰翻了，钻戒全都掉到了地上。顾不上接电话，姑娘赶紧去捡戒指。

找了半天，却只找到五枚，当姑娘急得浑身冒汗时，猛然间看到那名男子正在大步向门口走去。一刹那间，姑娘意识到什么，于是在男子的手就要触碰到门柄时，柔声叫道："对不起，先生，请等一等。"

那男子转过身来，神情十分紧张，脸上的肌肉有些抽搐，他发出的声音都有些颤抖："你……，你叫我什么事？"

用可怜的眼神盯了那男子好大一会儿，姑娘终于开口："先生，这是我头回工作，您也知道，现在找个事做并不容易，是不是？"

男子愣住了，他久久地看着她，最后竟咧开嘴笑起来，他一边向姑娘靠近一边说："当然，我了解。不过，我相信你会在这里做得很好。"终于走到姑娘面前，他将手伸了过去，问道，"我可以为你祝福吗？"姑娘立即伸出了手，当两只手紧紧握在一起时，她再次用柔和的声音说道："也祝你好运！"

接着，男子转身再次向门口走去，姑娘用感激的目光看着他的身影渐渐消失在门外。稍后，姑娘走回到柜台，把手中握着的还温热的第六枚戒指放回了盒子里。

让我们想一想，如果故事中的姑娘在发现戒指可能被男子盗走后，立刻大喊抓贼，那么很可能致使男子迅速地逃之夭夭或是为自保而伤害姑娘。无论怎样，都不是一个理想的办法，而使用柔和的办法，情形就不一样了。姑娘的柔和以及善良让男子动了恻隐之心，使他自动终结了自己的犯罪行为。

人生总有一半的吃亏事，遇到的时候，学会"傻"一点，少计较一半的事，人生就多一倍的宽容和乐。

在我们生活或工作的圈子里，之所以会有办事能力强的人，就是因为他们会用最有效的办法来解决问题。而所谓的最有效办法，就是在个别时候，用以柔克刚的方法来解决问题。

一碟青菜，一碗稀粥，糊涂为乐

常言道："大聪明的人，小事必朦胧；大懵懂的人，小事必伺察。"意思是，真正有大智慧的人，对于芝麻小事都是糊糊涂涂的，而不明所以的人，他们对小事情却观察入微，事事爱计较。

济公被人们称为"活佛"，虽然疯疯癫癫还吃肉，但是佛法高深，被他点化的世人不计其数。有一天，济公见到了两个猎人在指手画脚，为了一件事吵得面红耳赤，似乎还有动手的征兆。

见此，济公上前询问两个猎人在为什么争论，细细了解后，才知道原来是为了一道算术题。个头稍矮的猎人认为三八等于二十四，而高个头的猎人觉得三八等于二十三。两人各持己见，争论不休，谁也不肯退步。

后来，两人请济公做裁定，输的人将把一天打来的猎物给对的人。济公竟然认为高个头的赢了，让高个头把猎物拿走。这样的结果让矮个头十分气愤，于是他对济公说："亏你还是活佛，三八等于二十四，这是小孩子都知道的东西，你都不知道，我看你是徒有虚名啊！"

济公没有生气，笑道："你说得很有道理，三八的确等于二十四，只要你心里明白就行，何须为了一个根本不值得的人去讨论这种再简单不过问题呢？"

矮个头的猎人听完后，顿时有所感悟。

活佛济公，他也叫"济癫"，虽然给世人的印象总是疯疯癫癫的，但是他的智慧由内而发。佛家常说，得饶人处且饶人，而最好的阶梯便是糊涂。郑板桥也曾经说过"难得糊涂"，这么多"糊涂"之人，他们的成就一点也不糊涂。由此可见，糊涂是一种超越世俗的大智若愚，更是一种品德上的修养。

糊涂是一种气度，一种智慧，一种达观，一种洒脱。糊涂也是给对方留一点面子，给矛盾一丝缓和的空间，更给生活增添一种朦胧美。

我们的一生有过辉煌，也有过难堪。面对难堪，我们不妨退一步，糊涂一下。这种"糊涂"可以让我们有时间和精力感受、享受生活。

佛家常说，昙花一现。而人生亦是如此短暂，要做的事有太多，何须和自己过不去？必须时可以装装糊涂，这不仅能给自己带来快来，给别人也带来了快乐。综观那些"糊涂"人，他们的内心容易满足，一碟青菜，一碗稀粥，以地为床，以天为褥，逍遥快哉。

佛祖告诫人们，做任何事都要有尺度，装糊涂也不例外。糊涂需要坚守正义，做一个真实自我的人，将糊涂建立于守信、谦虚、宽待他人、真诚、知错能改等之上，如此便是大智若愚。

一半的智慧一半的糊涂，既不失立场，又不计较琐碎，既明辨真理，又宽待他人，如此，才是糊涂的真意。

谈笑之间，将尴尬化解

生活有时总不那么令人满意，如果你一味地去追求完美，也许会患得患失，增加了压力不说，也少了许多做人的乐趣。但是，如果你能换一种方式来对待生活，用自嘲给自己一点安慰，你就会远离压力，真正拥有平静和健康的心态。

据说，苏格拉底的妻子是一个性格彪悍粗暴的女人，生活中时常对他乱发一通脾气。而苏格拉底逢人便自嘲道："与这样的女人为妻让我受益匪浅，不仅可以锻炼我的忍耐力，还能加深我的人格修养。"

某天晚上，他的老婆甚至连一点小事的起因都没有，无缘无故地又发起脾气来，大吵大闹，无论苏格拉底怎样劝说都不肯罢休。

无奈下，苏格拉底只好退避三舍，去外面走走。可没想到，他刚走出家门，那位怒气未消的夫人就从楼上突然倒下一大盆冷水，恰好全部浇在了苏格拉底头上。瞬间他浑身上下就湿透了，俨然一只落汤鸡。

这时，只见苏格拉底打了个寒战，不慌不忙地自言自语说："我早就知道，响雷过后必有大雨，果然不出我所料。"

纵使苏格拉底有万般的无可奈何，但他带有自嘲意味的讥讽，使自己从这一窘境中超脱出来。笑笑自己的狼狈处境，笑笑自己的观念、遭遇、缺点乃至失误，看似显得愚钝轻视，实际上是一种对生活释然、对命运达观的大智慧。

关于嘲笑，富兰克林·罗斯福曾经说过："笑的金科玉律是，不论你想笑别人怎样，先笑你自己。"嘲弄他人是一种道德低下，但有时嘲笑一下自己却是体现了一种美德。

一个善于自嘲的人，往往是一个富有智慧和情趣的人，也是一个勇敢和坦诚的人，更是一个将自己上上下下、里里外外都看得很明白的人。自嘲是一种鲜活的做人态度，它可以使原本颇为沉重的东西刹那间变得无比轻松，从而让人能时刻保持一种平衡的心境。

古代有一个叫梁灏的文人，一生都心念着通过科举功名而报效国家。他从小就立下誓言，不中状元誓不为人。

然而世事难料，梁灏从少年考到青年，又从青年考到壮年，寒暑冬夏十余载却屡试不中，受尽别人讥笑。但梁灏并不在意，他总是自我解嘲地说：这一次考完后如果没中，就是离状元又近了一步。

在这种自嘲的心理状态中，梁灏从后晋天福三年开始应试，历经后汉、后周，直到宋太宗雍熙二年，终于考中了状元。

他曾写过一首自嘲诗："天福三年来应试，雍熙二年始成名。待他白发头中满，且喜青云足下生。观榜更无朋侪辈，到家唯有子孙迎。也知少年登科好，怎奈龙头属老成。"

在漫长的坎坷中，梁灏就是凭着一种鲜活而轻松的自我解嘲而终于走向了成功。自嘲，也使他走向了长寿，活过了古代难以逾越的九旬高龄。

有时候，一个小笑话、一段小故事，或者转述一句妙语、一则趣谈，都能让我们摆脱尴尬的窘境，让原本颇为沉重的气氛瞬间变得轻松起来，甚至保护了自己的安全，让他人砸过来的重拳如同落在了棉花之上。

自古以来，有许多大人物都善于自嘲：

宋代大文学家苏轼屡遭贬谪，但仍然豁达乐观。他在竹林里遇雨，雨具尽去，他自嘲"竹杖芒鞋轻胜马"，在雨中吟啸徐行，"一蓑烟雨任平生"。

美国著名演说家罗伯特头秃得很厉害，在他头顶上很难找到几根头发。在他过生日那天，有许多朋友来给他庆贺生日，妻子悄悄地劝他戴顶帽子。罗伯特却大声说："我的夫人劝我今天戴顶帽子，可是你们不知道光着秃头有多好，我是第一个知道下雨的人！"这句嘲笑自己的话一下子使聚会的气氛变得轻松起来。

林肯的夫人玛丽·托德非常泼辣，喜欢破口骂人。有一天，一个十二三岁的送报童不知道是因送报太迟，还是因为别的什么过失，遭到林肯太太的百般恶骂。小孩回去后对报馆老板的老婆哭诉，说她不该欺人过甚，以后他不肯到那家送报了。没过几天，报馆老板遇到了林肯，向他提起了这件小事。

林肯说："算了吧！我能忍她 1 多年，这小孩子偶尔挨了一顿骂，算什么呢？"

自嘲作为生活的一种艺术，它具有干预生活和调整自己的功能，可并不是每个人都能够从自嘲中找到心灵复苏的能量。不善于自嘲的人面对他人无意的指责，就如同矗立云端俯瞰茫茫苦海，容易产生自卑的情绪。

我们每天都要处理一半不开心的事。既然如此，何不换上开心的心态面对，将这一半的不开心用笑容带过。以自嘲的精神，不去计较，做半个愚人，这样，生活也开阔得多。

可以说，善于自嘲的人一定是热爱生活、有生活情趣的人。如果不热爱生活，谁会去发现自己的可笑之处，怎么会觉得这可笑之处可笑，又怎么会将这可笑之处讲出来呢？这么说来，一个善于自嘲的人往往就是一个富有智慧和情趣的人，也是一个勇敢和坦诚的人，更是一个将自己上上下下、里里外外看得很明白的人。

柔是一种隐于无形的大智慧

柔和刚，在某种时候，收到的效果截反。柔，反而是真正的刚强；而刚，反而是一种柔弱。

实际上，柔是一种隐于无形的大智慧，会使我们不计较一时的强弱，有一种对自我的坦然和对世事的定力，进而让自己立于不败之地。

有一期《动物世界》，说的是海滩上的蓝甲蟹分为两种：一种很凶猛，生性好斗，跟谁都敢开战；另一种则很温顺，遇上敌人便一味装死，一动不动。经过千百年的演变，强悍凶猛的蓝甲蟹在残杀中越来越少，濒临灭绝；而温顺的蓝甲蟹躲起来尽量不和敌人作战，也正是因此，这种蓝甲蟹不但没有被残杀，反而繁衍昌盛，不断壮大。

自然界中这种"适者生存"的现象说明，凡是逞强好胜的、"毫不示弱"标榜自己的，往往碰得头破血流；而卑微、弱小的生命，并不等于无能，甚至还有一种优势，倒可以成为最后的赢家。

在竞争日益激烈的现实社会里，优胜劣汰、适者生存已成为一种常态。

生活中的不随意、事业上的不得志、人际关系间的不和谐，时时困扰着我们。如何化解这些繁杂的困惑呢？如何获得从容淡定的人生呢？答案只有一句话：用柔来应对一切，进而战胜一切。

向来，人们把刚强看成是一个人意志坚强、不怕挫折的褒义词，而把柔看成是一种弱小、无能的表现。由于大多数人都想逞强，都怕被别人"小看"，结果就很容易导致凶猛蓝甲蟹般的悲剧，更别提创造从容淡定的人生了。

事实上，柔并不是弱小，更不是无能，而是一种隐于无形的大智慧。唯如此，我们才会有一种对自我的坦然和对世事的定力，才会不计较一时的强弱，进而保护自己，立于不败之地，这就是柔的妙处。

下面这则故事，也许会给我们带来一定的借鉴。

在北宋太宗时期，曹翰因为得罪了太宗皇上，就被罚到汝州。在汝州的日子里，曹翰为了官复原职并且返回京城，每天冥思苦想，但是他心里非常清楚自己目前的处境，知道此时自己若强行辩解，无异于"拿鸡蛋往石头上碰"。

一天，宫里的使者到汝州办事，曹翰发现这是一个十分难得的机会，他决定利用这个使者使自己返回京城。见到使者，曹翰流着泪说："我的罪恶深重，就是死也赎不清，真不知如何才能报答皇上的不杀之恩。来到这里以后，我每天都在认真地反省自己的错误，将来有机会一定誓死报效朝廷"。

说着说着，曹翰拿出了自己的几件衣服，流着眼泪对使者说："我在这里服罪，没有人去照顾家人，他们穷得都快饿死了，这些都是我用不上的衣物，请您回去以后，帮忙抵押一些银两，交给我家里，让他们也好勉强糊口。"

使者看到此时的曹翰和官场中的完全不同，那种趾高气扬的样子不见了，在不知不觉中，原来的那种厌恶情绪消失了，取而代之的甚至多了几分同情，便答应帮曹翰这个忙，回到宫里，还向太宗汇报了情况。

太宗打开曹翰的包袱一看，在几件衣服里面包有一幅画，画的题目是《下江南图》。这幅画画的是当年曹翰奉宋太祖旨意攻打南唐时候的情景，当时任先锋官的曹翰作战英勇，立下了不少战功。顿时，太宗怜悯之情油然而生，又见曹翰现在知道悔过了，便把曹翰召回了京城。

曹翰之所以能够达到回京城的目的，正是因为他的"柔"成功地打动了使者和太宗。他一方面表现得十分落魄，吃喝不济，还有众多家人无法照料；另一方面，他又巧妙地和太宗提起了旧时的功绩，引发了别人的怜惜或悲悯。

其实，即便你真的是强者，如果能够以"柔者"的姿态行事，也会使对方能从中获得慰藉，心理上得到平衡，从而在心平气和中对你产生亲切感，如此，你自会成为长久的赢家，并令自己愈来愈强。

假如你的工作岗位胜人一筹，不妨展示自己经验有限、知识能力等方面的不足；假如你在工作的某个方面有绝对权威，不妨多说说自己失败的记录，听听他人的意见；你还可以多夸赞别人，甚至一句自嘲、一句自我批评……

人生不能事事都逞强，过于争强好胜，只能给自己招来麻烦。人生莫要求"全"，求得一半的刚已是最好，另外的一半，就适当地展现柔的一面。如此刚柔相济，生活才能活色生香，生命才能坚韧顽强。

看淡得失，吃亏也是一种福气

"非淡泊无以明志，非宁静无以致远"，一代军师诸葛亮用这样两句简洁而优美的诗句道出了对待功名利禄该持的态度。

人生半得半失，便要学会看淡得失，不怕吃亏。这样"半"的智慧，才能获得成功的人生。

当然，吃亏也是需要把握一个度的，不能无限制地胡吃乱吃。小亏是可以吃的，因为我们能够从中吸取教训，免得今后犯更大的错误；但是大亏却不能吃，吃了大亏之后，我们很有可能会一蹶不振，丧失掉走下去的决心。另外，我们还需要明白，吃点亏并不说明我们比别人缺个心眼，也并不一定意味着我们失去什么，而是体现了一种能屈能伸的豁达襟怀。很多时候吃点小亏，其实是在为以后的成功和幸福埋下种子。这样的好事，干吗不做呢？

说到底，只要我们把得失看淡，就不会因为有所损失而耿耿于怀，也不会为意外的收获而沾沾自喜。这种平和的心态才是最难能可贵的。

在甲乙两国边境的一个村子里，有一位饲养马群的老者。有一天，他放马时不小心丢了一匹很好的马。邻居们得知此事后，都对老者表示同情。但让大家没想到的是，老者却不以为然地说："你们怎么知道这不是件好事呢？"

邻居们听了这话，都以为老者肯定是沮丧过度，精神失常了，要不怎么说出这样的"胡话"来呢！

过了几天，一件出乎邻居们预料的事发生了。老者家那匹丢掉的马又回来了，不但马自己回来了，而且还带领回另一匹别处的马。

得知消息的邻居们无不啧啧称奇，他们前来向老者道贺，还怂恿他大摆宴席，庆祝一下这天上掉馅儿饼的大好事。可老者的表现再一次跌破众人的眼镜。他不但没有流露出兴奋的表情，反而板起了脸，说道："你们怎么知道这不是件坏事呢？"

听老者这么一说，邻居们又觉得他肯定是高兴过头了。众人扫兴地散去。

不久之后，老者的儿子对新马充满了浓厚的兴趣，他骑到这匹马的背上开始在草原上飞奔，结果却一不小心摔折了一条腿。

邻居们又纷纷前来安慰老者，叫他别太伤心难过。可老者却笑着说："你们怎么知道这不是件好事呢？"这下，邻居们又都糊涂了，不知这个老头葫芦里卖的什么药。

就这样，日子一天天地过着。后来，甲乙两国发生了战事，老者所在的甲国要征兵，凡是年轻力壮的小伙子都被征了去，到战场打仗了。但老者的儿子因为残疾而留了下来，他和家人依然平静地生活着。

这个故事就是尽人皆知的《塞翁失马》，也是我国古代道家学派的代表人物老子在其著作《道德经》中所宣扬的一种辩证思想。

基于这种辩证关系，我们可以明白，即使是看起来很坏的"吃亏"，也能为我们带来想不到的好处。而那些精明的人总是怕便宜了别人，可到最后吃亏的却往往是自己。换句话说，只有将得失看淡，不为眼前利益所诱惑的人，才不会因为吃一点亏而斤斤计较，往往正是这一些人，最终获得了更多。

曾经有一位记者问华人首富李嘉诚的儿子李泽楷："你父亲教了你一些怎样成功赚钱的秘诀吗？"李泽楷表示，赚钱的方法他父亲什么也没有教，只教了他一些为人的道理。李嘉诚曾经这样告诉李泽楷，他和别人合作，假如他拿七分合理，八分也可以，那么拿六分就可以了。

李嘉诚的意思是，他吃亏可以争取更多人愿意与自己合作。想想看，虽然他只拿了六分，但多了一百个合作人，他能拿多少个六分？假如拿八分的话，一百个人会变成五个人，结果是亏是赚可想而知。

毋庸置疑，从李嘉诚身上所体现出来的，是一种敢于吃亏的风度，是一种不怕吃亏的气量，也正是这种风度和气量，才有人乐于与他合作，他的生意也就越做越大。所以李嘉诚的成功更得力于他看淡得失、不怕吃亏的处世原则。

事实上，一个真正有智慧的人是不怕吃亏的，也是不去计较眼前利益得失的。因为他们很清楚，吃亏本身是和"福气"作为交换的。

每个"吃亏"者并不希望自己的利益白白受损，而是希望用"吃亏"换来"福"。正如著名作家拿破仑·希尔在提到自己对成功的诀窍时所言："全国最富有的人要我为他工作 20 年而不给我一丁点儿报酬。一般人在面对这样一个荒谬的建议时，肯定会觉得太吃亏而推辞的，可我却答应了下来。我始终认为，我吃得了这个亏，才有不可限量的前途。"

李嘉诚和希尔尚且如此，何况如你我一般的凡俗之辈呢？

吃亏时，想想"半"的智慧，正是因为有了这一半的不圆满，才能得来日后的报偿。

第十二章
可以俗，亦俗亦雅众人欢

在每个人的内心深处，或许都隐藏着一个邪恶的"小我"，它会在某些不经意的时候出来捣乱，以致让我们展现出不太美好的一面。但我们人生的导向不能偏颇，不能被浮躁的功利局限了视野，否则我们将很难有所进步，更谈不上成功。

嘲笑别人，乃是无知的表现

"我常以为是丑女造就了美人，我常以为是愚氓举出了智者……"著名作家史铁生曾这样说道。的确，很多时候，美与丑、愚与智都是相对而言的，一个人的丑映衬出其他人的美，一个人的愚昧映衬出其他人的智慧，一个人的无知映衬出其他人的博学。

而嘲笑他人者，恰恰属于无知之列。因为这种人自以为是，没把别人放在眼里，却不知别人懂的他未必懂，别人能做到的他未必做得到。

我们也并不否认，嘲笑他人是人性的弱点之一，或许在每个人的潜意识里都会有这样的情绪。但是，我们要想成为一个受欢迎的人，就要学着让这些弱点停留在"半路"，而展现出来的是一副谦虚、自然的状态。如果不能克制自己嘲笑他人的弱点，那么最终难堪的或许还是自己。

在发现新大陆不久后，航海家哥伦布应邀参加了一个庆功会。与会人员纷纷向哥伦布表示祝贺，同时也发出由衷的赞叹。而其中有一位骄傲的贵族却很不服气，他很想让哥伦布在这次活动上出丑，同时也展示自己有多么的了不起。

活动进行中，那位骄傲的贵族故意扯大嗓门说道："不就是发现新大陆嘛，真的没什么了不起的。大家想想看，哥伦布不过就是坐着船一直往西走，往西走，随后在海洋中碰巧遇到一块陆地而已。这种事放在我们任何一个人身上都能够实现，只要你愿意坐一艘船，一直不停地往西走，你也会有这个根本不值一提的发现。"

见这个贵族如此口出狂言，正在推杯换盏的人们开始纷纷议论，有的说这个人真是不知道天高地厚，也有的说他说的也在理儿，哥伦布的确就是坐船向西，然后发现了一块陆地。

对此，哥伦布却没有丝毫的不满和尴尬，他向大家微笑了一下，然后随手从桌子上拿起一枚煮熟的鸡蛋，对大家说："请在座的各位试一试，看谁能使鸡蛋的小头朝下，并竖立在桌子上。"每一张桌子上都有几颗鸡蛋，于是人们纷纷拿起鸡蛋试了起来。

可是，大家想尽办法，也无法将鸡蛋竖立起来。这时候，那位骄傲的贵族又开口了，他说道："要想让鸡蛋在平滑的桌面上竖立，那是绝对不可能的事情，除非你把桌子挖个洞。"听完他的话，哥伦布依然没有丝毫动容，而是拿着手中的鸡蛋在桌子上轻轻一敲，鸡蛋便稳稳地立在桌子上了。

这一幕，先是让众人一愣，继而便报以热烈的掌声。那个贵族依然不服，对哥伦布说道："你这种方法根本不能算本事，谁把鸡蛋敲破，都能把它立起来。"

哥伦布听了，冲那位贵族微微一笑，然后很有风度地对在座的人们说道："没错，世界上的很多事，往往都是看起来很容易，但其中最大的差别就是，当我做过之后，你才恍然大悟。"这时候，只见那位高傲的贵族终于露出了羞愧的神色，不再言语了。

这位自以为是的贵族试图用嘲笑和挖苦来让哥伦布难堪，只是他没想到的是，人家轻轻松松就把他给"镇住了"，反而显得他太愚昧无知。

在我们的日常生活和工作中，类似这位贵族这样的人并不鲜见。他们似乎觉得嘲笑别人是一种乐趣，是一种展现自己本领强于他人的途径。

从心理学上讲，这种现象主要是受到三种心理效应而产生的。一种是排斥心理。所谓物以类聚，人以群分，人们都会有意识地寻找自己的群体，而对于不是自己群体中的人就会产生严重的排斥心理。所以，当群体中出现一个与众不同的人的时候，他们就马上会成为被排斥的对象。而嘲笑作为排斥的一种常见方式，也就自然会被派上用场。另一种心理就是忌妒心理。当别人做出了一定的成绩，而自己没能做到，便产生强烈的忌妒情绪，于是，当时机合适的时候，就试图用嘲笑、讽刺等行为来挖苦对方，让对方难堪，同时也让自己获得因为嘲笑他人而带来的快感。第三种是源于从众心理。当一个群体中出现被排斥的对象时，即便有一部分人并不对其排斥，或者排斥度不高，也不想嘲笑人家，但是为了证明自己不是"异类"，也会加入嘲笑的行列。

无论出于哪种心理，嘲笑别人都是一种素质不高的体现，素质高的人是不会嘲笑别人的。有一次，幽默大师马克·吐温先生参加一个宴会。席间，他礼貌地对一位贵妇说："夫人，你简直太美丽了！"没想到，那位高傲的妇人却说："真不好意思，马克·吐温先生，遗憾的是，我没法用同样的话来回答你。"马克·吐温微微一笑，说道："没关系的，夫人，你其实也可以像我一样说句假话嘛！"

不用问，那位夫人肯定被气得不行了。可是，这又能怪谁呢？人家夸她，她却嘲讽别人，最后换来别人犀利的"回敬"，岂不是自找苦吃嘛！

琳达是一位时尚白领，追求时尚是她日常生活的重头戏。由于家境不错，再加上自己长得也不错，琳达一直是公司里的头号美女。

带着这样的光环，让琳达每天都活在飘飘然中，也活在骄傲之中，以至于她容不得别人穿得比自己好，容不得别人长得比自己漂亮。

前不久，公司新来了一个容貌清丽的女孩阿桃。阿桃毕业于名牌大学，拿着英语专业八级的资格证书进入这家公司担任英语编辑。看到公司里来了虽然打扮不怎么洋气，但是同样年轻漂亮的同事阿桃，琳达有些不舒服了，她开始筹划着，找机会让阿桃难堪一次，压压她的士气。

这一天，阿桃穿了一件名牌服饰，琳达看到了，很是不屑。她心想，阿桃刚毕业，哪有什么钱买正牌，这件衣服肯定是仿版的。想到这里，琳达有了主意。她下班后，赶紧开车去逛街了，特意买了一件和阿桃同样品牌、同样款式的衣服。这件衣服果然价格不菲，打完折还 3600 元。但是一想到为了"收拾"一下阿桃，琳达觉得花钱也值了。

第二天，琳达便穿着这件新衣服去公司了。有几个平时和她关系不错的女同事都夸奖她的衣服很漂亮。琳达的虚荣心得到了极大的满足，趁着阿桃也在场的时候，她故意说道："昨天我逛街，本来没打算买衣服的，结果看到这件还不错，而且还能打八折，3600 元就拿下了。我才不像有些人专买仿版的名牌，穿着太掉价了。"

阿桃听出琳达是故意讽刺自己，但她没有表示出什么不满，一切都照常进行。

过了些天，前台的小姑娘给阿桃拿来一件包裹，是法国寄来的。办公室的女同事们叽叽喳喳地怂恿阿桃快打开来看看是什么宝贝。包裹打开了，里面全是名牌服饰。爱说爱笑的同事嘉陵忙问："阿桃，你是不是有个'金龟婿'在法国呀，居然给你买了这么多名牌衣服，你太幸福了！"阿桃告诉她说，是自己的哥哥在法国做品牌服饰的代理，哥哥从小就疼爱自己，所以一有什么好的服饰最先想到自己这个妹妹。

周围的同事们不由得流露出羡慕之情，平时喜欢对一些服饰进行研究的嘉陵又说道："果然都是正品呀，看这个标签就知道，不像有些店里卖的，说是正品，实际上都是'超A版'。"

此时，坐在一旁的琳达气得半天说不出话来，再说她也的确不知道该说什么好。对阿桃，她只有羡慕的份儿了。

看完这个故事，想必每个人都会为感到难堪，但同时也会感慨这纯属她自己找的不自在。如果她能谦虚、和蔼地对待阿桃，而不是想"镇住"人家，也不至于遭遇这么难堪的一幕。

所以，不管自己面对的是什么人，也不管自己有多么优厚的资本，都不要试图用嘲笑来贬低别人，抬高自己。那样做，终会在某一天让自己下不来台。

真正有素养的人，会始终如一地谦逊待人，因为他们始终记得，自己也有过无知的阶段和经历。当自己懂得较多而嘲笑别人无知的时候，一来显示自己缺乏素养，二来说不定对方是深藏不露呢！所以说，要想让自己受到周围人的欢迎，让自己活得自在、轻松，还是很有必要把嘲笑他人这一人性的弱点给扼杀在潜意识的摇篮里，不再跳出来搅扰我们的心绪，奴役我们的人性。

不如多听，用耳朵告诉别人"他很重要"

如果留意一下，总会发现一些人喜欢高谈阔论，而不喜欢洗耳恭听。人群中，总是响彻着他们的声音。但实际上，倾听却是在任何交往中都非常重要的一个环节，每个人都认为自己说出来的话是重要的，自己的声音是好听的。正如一位教育家所说："做个听众往往比做一个演讲者更重要。专心听他人讲话，是我们给予他的最大尊重、呵护和赞美。"

人之所以长两只耳朵一张嘴，便是要我们花多一半的时间来听。所以，在与人交往的过程中，即使我们有很多的高见，有很博学的知识，也要学会适度地表露和适度地隐藏，留给别人表达的机会。正所谓，露一半，藏一半。这样，既能让我们适当地展现自己的观点和才学，又能让对方觉得"他很重要"；既能让自己的底牌不充分暴露，又能更多地了解对方的情况。这样的沟通才是高质量的沟通，也是能够让自己争取更多利益的沟通。

自从进入这家公司做业务员开始，苗胜利就展现出了较强的谈判能力。几年来，他曾出色地谈成了很多合作项目。

有同事和同行业的弟弟妹妹们向他"取经"，他表示："在谈判中，你把价格报出去以后，就什么都不要说了，等着对方的反应就可以。你听他说，会让他感受到一种被尊重。另外，你不知道对手的价格底线是多少，也不知道他会不会接受。所以，闭嘴是最好的办法。"

苗胜利还举过这样一个例子。他说，有一次，自己跟一家公司谈一个合作项目，寒暄几句后进入正题。对方的谈判代表提出了一个很苛刻的要求，他要苗胜利给进货价格打个8折。这个时候，苗胜利故意装沉默。过了一会儿，他沉不住气了，又说道："要不我们公司多定2000件产品，你给我8折吧。"

苗胜利继续沉默。最终，苗胜利以9折的进价与对方签订了合同，进货量还比以前增加了一倍。对方非但没有不满，还很高兴，觉得苗胜利很尊重他，是个厚道人。

故事中的苗胜利用"听"而不是"说"来赢得了谈判的胜利。其实，一个善于倾听的人，也往往是一个善于思考的人，这样会有助于他理解对方话语的弦外之音。所以，说话时说一半留一半，把留出来的那一半留给对方去说，也留给自己来听。这样才会让对方舒服，也让自己得利。

相反，那种只顾自己嘴巴痛快，随意打断别人谈话，生怕自己声音被淹没的人，则是非常令人讨厌的。这些人不但得不到别人的尊重，反而会失去了解更多信息的机会。

在公关公司工作的郭凯头脑灵活，工作勤奋，但就是有一点不好，特别喜欢打断别人的谈话。为此，每当同事讨论重要工作的时候都尽量避开他。

比如，有一次，郭凯的上司正在和几个员工讨论一个重要客户新品发布会的策划工作，谈到关键的时候，郭凯回来了，马上就插话道："同志们，刚才我和我那个老客户谈判，他居然和我聊了半天芙蓉姐姐，没想到他居然知道那么多内幕消息……"

此时，正在讨论方案的上司和同事们纷纷停了下来，怔怔地听着郭凯眉飞色舞地说。上司叹了口气，提醒他先去喝杯水。大家本来专心致志地讨论，被他这么一搅和，思路都打断了，大家不由得怨愤地摇了摇头。

如果你身边有郭凯这样不分青红皂白就胡乱插话的人，你是不是也会像他的同事们那样感到无奈，甚至气愤？无疑，这样的人不管在哪里都不会受人欢迎，更别说受人尊重和敬佩了。

古人讲，一张一弛，文武之道。在与人谈话的过程中，张弛有度是非常重要的。《谈话的艺术》的作者、心理教授格瑞德罗解释说："适时的沉默可以调节说话和听讲的节奏。沉默在谈话中的作用就相当于零在数学中的作用。尽管是'零'，却很关键。没有沉默，一切交流都无法进行。"

一半说，一半听，如此才能达到良好的沟通。如果只是急着表现自己，那么话就失去了功效。要想交流顺畅进行，让双方都能感受到这次谈话的愉悦和成功，那么就要学会有张有弛，有说有听。

做好不起眼的事，才是伟大的人

在有些人看来，要想成就大事，就要高瞻远瞩，高屋建瓴，把心思放在宏伟的战略上；而对那些芝麻绿豆大的小事，完全可以忽略不计，把它们交给小人物们做就可以了。

事实果真如此吗？

很多过来的成功人士告诉我们的答案是：未必！高瞻远瞩、高屋建瓴固然重要，但是若没有注重小事情的本事和习惯，那么同样做不出理想的成绩。换句话说，倘若在拥有雄心壮志、一心向着目标迈进的同时，适时适度地关注一下身边的看似不起眼的小事，或许会有不一样的收获哦！

生活中，我们接触大事的机会并不太多，生活中一多半事都是小事，而只有处理好这一半的小事，才能累积起另一半的大事，否则，只能是无本之木。

现年 42 岁的高强担任某跨国集团驻中国区的总裁。各个地区的办事处员工加起来，数目达到 1000 多名，而每一个员工的名字，高强都了然于心。也就是说，他能叫上所有员工的名字来。

这在很多人看来，实在是微不足道的小事，甚至认为这是无关紧要的事情，知道员工的名字又怎样，不知道又怎样，工作还不都是照样做！

但是，高强却不这么认为。他觉得，自己作为驻中国区的总裁，要想带领大家把事业做好，就要在乎每一个细微之处，知道员工的名字并能准确地叫出来，这是对他们的一种尊重。因为有了这份尊重，他们才会更尊重自己，工作也才会更卖力。

有一天晚上 9 点钟，高强陪同从澳洲来中国视察的大老板去公司拿份资料，然后再回宾馆。就在上电梯的时候，碰到销售部的一名员工。这个男孩还带着一名女孩。当时的场面有点尴尬，一位总裁，一位总部大老板，一个普通的销售员，还有一位并不熟悉的异性。

这时候，高强开始和那个员工交流起来，他说："许剑，今天加班呀？你们现在正在做的那个项目进展怎么样？"

顿时，那个名叫许剑的员工愣了两秒钟，才回答了总裁的问题。因为他实在想不到，在一个几乎凝滞的气氛里，总裁居然能够叫出自己的名字，还知道自己所做的项目。这简直太不可思议了。

第二天早上，高强打开邮箱时收到了许剑昨晚 11 点钟给他发来的邮件。

他说："高总，你今天让我太有面子了！我带来的这个朋友，还没有成为我女朋友，但是因为您堂堂一个大总裁居然能够叫出我的名字，并询问我项目的事，这让我在她心中的形象已经高大无比了。"

其实同一天晚上，来自澳洲的大老板在回酒店的路上，也和高强谈论起了这件事。大老板也意想不到高强居然连一个普通职员的名字都记得这么清楚，看来真是细微之处见真章呀！

记住员工的名字，看上去并不算什么大事，也不算是什么重要的事，更不是什么难事，但是仅仅是这一容易让大多数人忽略的、看不上眼的小事，高强却做到了，而且做得很好。俗话说的"细节决定命运，细微之处见真章"正是这个道理。

在史书《三国志》中关于诸葛亮的介绍是这样说的，他原本只是一个官职卑微的小官，之所以能成为辅国的丞相，就是因为他不管做什么都一丝不苟，力求把每一个细节都做到位。正是因为他这样的态度才得到提拔。

毫无疑问，注意细节表示你对对方的重视及关注，把别人眼里不起眼的小事做好说明你了不起。这样的人自然会得到更多人的尊重，在事业上也会得到更多人的帮助和支持。

问一下身边的人，几乎没有谁不希望生活春风得意，也没有谁不渴望自己的工作和事业能够飞黄腾达。但是，没有谁会白白地将这一切送到我们手里，我们想要获得，就只能用自己的认真、努力去争取，将那些别人看不上眼的小事当成重要的事来做。

每个人都想做大事，成大业，然而先不把生活中一半的小事处理好，当大事到来时，又怎能游刃有余地处理？

所以说，要想取得骄人的成就，我们就要把握好大问题和小事情的分配比例，不要单纯地只关注某一方面，而应该在看到大问题、大方向的同时，不要忽略了那些不起眼的小事。

把姿态放低，没有谁喜欢狂妄自大的人

《庄子》中有这样一句话："直木先伐，甘井先竭。"意思就是，笔直的树先遭砍伐，甘甜的井水先被汲尽。引申的意思就是做人要低调一点，锋芒毕露容易惹来麻烦。要知道，一个过于逞能、逞强的人，很容易导致孤立自我、脱离群众。因为没有人会欣赏一个狂妄自大的人。

古人云，三人行，必有我师。在我们周围，每个人都有自己的优点，都可以成为我们的老师。既然如此，我们何不"择其善者而从之"呢？只有放低自己，学会谦卑，藏一半机巧，露一半灵动，我们才能受到更多人的欢迎和爱戴，自己也才能保持一颗平常心，看花开花落，品世间百态，否则，就很可能成为那个"众矢之的"了。

最近，蒋松明显感觉到办公室的气氛有些不对，同事们看他的眼神都很怪异。平时，大家都爱和他聊天。但是现在，他主动跟同事说话，人家都爱理不理的。蒋松非常疑惑："我最近做错什么事情了？"直到有一天，他路过茶水间，偶然间听到两个同事的对话："蒋松有什么好炫耀的！不就是业绩高一点，工作能力强一点，有必要那么牛吗？""就是，你看说话时那个得意扬扬的样子，都快飘到天上去了，我真懒得和他说话。"

原来，蒋松最近几个月的销售业绩非常好，一直位居榜首，很有希望夺得年度销售冠军的奖杯。蒋松对此很骄傲，就经常在同事面前宣扬

自己的"战绩"，还在博客上晒成绩。同事们对他的高调很反感，就对其敬而远之。

在和周围的人打交道时，如果高调地亮出自己的成绩，无疑是在自己与他人间挖出一条沟壑，一不小心还会被人推进沟中。故事中的蒋松做得就不够聪明，而他也因此而吃了亏。

所以说，取得成绩时，我们要谦虚一些，将它轻描淡写。这样，我们就可以和周围的朋友、同事打成一片，免招冷落和妒火。

不妨回想一下，你是否有过这样的体会：当身边的小弟弟小妹妹向你请教某个问题的时候，你的心里是不是充满着骄傲的情绪？这时不管我们心情是好是坏，抑或工作是繁忙还是清闲，都会认认真真地回答他们的问题，并从他们钦佩的眼光中得到一种心理满足感。

从心理学角度来讲，这种现象已经充分表明，我们的内心深处都存在着或强或弱的虚荣心。别人低姿态地与我们说话或讨教问题时，虚荣心就会油然而生，有时我们并不能清醒地意识到这种虚荣感，但它却主导着我们的内心世界，甚至是我们的行为。这就是说放低姿态的力量。如果我们能够恰当运用这种说话方式，同样会起到积极的作用。

两年前，卓妍毕业后应聘到一家大型股份公司做企业内刊的编辑。论资历，她只有一年半的工龄，算是单位的新员工，和她共同负责这份内刊的还有一个老编辑杨萍。10年前，杨萍就来这里工作了，算得上元老级员工。

杨萍虽然也是个普通的编辑，但在卓妍面前很爱卖弄她的"老资格"，做事总是倚老卖老，经常指挥卓妍做这做那，令卓妍既反感又无奈。

负责主观编辑部的头儿是一个空降过来的年轻男士，对杨萍这样的老员工也没办法，反而总是劝导卓妍以大局为重。可是，卓妍是个20出头的小姑娘，正是年轻气盛的时候，与杨萍这种偏于保守的做事方法难免产生冲突，所以心里很是别扭。

一次，卓妍参加大学校友会。她将自己的苦恼说与一位师姐听。这位师姐在一家外企做人力资源主管，她对卓妍说："新员工和老员工做事方式不一样，这是很正常的。比如老员工喜欢墨守成规，如果你不这么做，她就会认为你坏了规矩或者是年少轻狂。"卓妍连连点头。师姐接着说道："你要想填平和杨萍的代沟，就要学会把姿态放低。"

听到这儿，卓妍表示疑惑。于是，师姐继续支招说："你要向她'拜师'，多用诚恳、谦虚的态度向她请教一些工作方法和经验，这样一方面可以化解你们之间的矛盾，另一方面可以增加你的职场阅历和工作经验。"听完师姐的话，卓妍决定按照她说的方法试一试。

第二天一走进办公室，卓妍就按照自己事先预定好的"计划"实施了。她热情地向杨萍问了声早上好，然后就说："杨姐，你说咱们这期杂志的留白处放什么内容比较好呢？"杨萍一听，颇为惊讶，因为她以前做梦也想不到卓妍会这么认真诚恳地和自己讨论问题。杨萍认真指点了一下，卓妍面带笑容地向她致谢。

在以后的工作中，卓妍继续低姿态地与杨萍交流，即使两个人对工作有不同意见，卓妍也会委婉地说出自己的意见。一个月后，两个人宛如多年的朋友，关系亲密。

不管是和领导，还是朋友、同事沟通时，我们都应该尽量让自己的姿态放低一些。通过师姐的引导，卓妍终于用这招"拿下"了杨萍。其实，这种把姿态放低不仅仅是语言表达的一种方式，而且有更深层次的意义。偶尔说一说"我才疏学浅，没听明白您的意思，可以再指教一下吗""我没有弄清您的具体要求,麻烦您再给我解释一下好吗""您的表达太高深，我有些不明白，您能说得简单一点吗"之类的话，会使对方觉得你为人谦虚、容易亲近。

与之相反，在和别人沟通时，我们若是无所顾忌地进行说教，比如"小张，你这个建议也太普通了，别的公司以前就做过……""经理，你这种安排不合理，我认为可以这样……"，那么对方肯定会反感，也就会很不情愿地配合我们，甚至还会在某些时候故意跟我们过不去。

所以说，在现今竞争激烈的社会中，我们很有必要学会一定的处世技巧，而把姿态放低就是其中必不可少的一项。当然，放低姿态，并不是让我们极力地掩饰自己的才华，对所有事情都低调，保持沉默，而是要我们不妄加评论别人的建议，不将自己的想法强加给他人。放低姿态也不是让人唯唯诺诺、卑躬屈膝，该维护尊严的时候，也要理直气壮、绝不能含糊。放低姿态更不是低声下气、奉承谄媚地说话，而是满足对方的心理需求，保护其自尊心，这样的方式也会让对方有如沐春风的感觉。

不可否认，喜欢炫耀自己、锋芒毕露的人大多是有一定才华的人，他们不甘寂寞，常在言语行动上争强好胜。中国有句俗话"枪打出头鸟"，如果你什么事都要占尽优势，很可能会招致别人的忌妒，有时还可能在无意中伤害了别人，时间一长，难免造成孤家寡人的局面。所以即使才华横溢，也要学着藏露得当，藏一半，露一半，而不要到处炫耀，逞一时之快。

懂得尊重别人，工作才能顺利开展

受到别人的尊重是每个人内心深处的渴望，但要想受到别人的尊重，自己先要懂得尊重别人。正所谓投桃报李。如果我们没有先去"投之以桃"，他人又何以"报之以李"？

但有的人却不会这样想，他们总觉得自己天生就是该受到别人尊重的，至于自己是否尊重别人，那要看自己的心情了。

岂不知，这样一种高高在上、舍我其谁的姿态本身就是对别人的不尊重。在这样的人面前，人们会感到压抑，从而产生排斥、反感等情绪。如此一来，别说得到别人的尊重了，就连起码的相处兴趣望消失无踪了。

我们不禁要问：这种不懂得尊重别人的人，在社会上立足将会是很困难的事吧？他们能得到生活和事业上的什么收获呢？

一个美丽的春日，一位年轻的女性领着一个小男孩走进了一座美丽而宽阔的花园。女人和小男孩边走边看着花园里美丽的景色，很快他们踏入了花园的一个角落。

在这里，有一棵高大的树木，树下有一张长椅。女人停下来，把孩子抱到长椅上，然后生气地凶了孩子几句。小男孩则低着头不说话，满脸的委屈。

在他们不远处，有一位老人正在修剪花草，老人把这一切都看在眼里。与此同时，女人也注意到了老人。谁知，这个带着怒气的女人看到老人盯着她看了两眼，便故意拿出纸巾揉了揉扔到草坪上。

顿时，老人愣了一下，表情复杂地朝那个女人看了看。那个女人却昂起头，不可一世地瞪着他。老人弯下腰捡起了那团纸，然后扔到树丛边的一个垃圾桶里，继续修剪草坪。

大大出乎老人预料的人，没过两分钟，那个女人又往地上扔了一张纸，而且还明显是故意往老人这边扔的。这一次，老人同样没有愤怒，而是还像之前那样，平静地捡起那团纸并扔进垃圾桶，然后回到原地继续工作。

谁知，老人刚站在除草机跟前，第三团纸又落在了她面前……就这样，老人一连捡起了七八团女人扔到地上的纸，而且脸上一直没有一丝愤怒之情。

这时候，女人大声地对她身旁的儿子说："你看到了吗，那个老太太，一个修剪草坪的老太太……如果你再不好好学习，将来就会像她这样没出息！"

老人听到了女人的话，这一次她觉得有必要说点什么了，于是她放下除草机，走到那个傲慢无礼的女人面前，礼貌地说道："夫人，这里是汤普森的私家花园，按照规定，外人是不准随便进出的……"

老人的话还话没说完，那个傲慢的女人就打断她说："我当然知道，不用你这个下人提醒！我是他家庄园厨房的食品供货商，我是获得随意进出这里的许可的！"说这句话的时候，女人高傲的神情更是暴露无遗。

这时候，只见老人拿出口袋里的一个旧手机，拨了个号码。不一会儿，一位西装笔挺的男士匆匆走过来，他恭敬地停在老人跟前。老人面无表情地对男子说："乔治，我希望厨师长中断与这位女士的一切合作，她需要一些教训。"

"是，我立刻按您的意思去办！"男子唯命是从道。

老人一吩咐完，就径直走向小男孩，轻柔地摸了摸孩子的头，语重心长地说："孩子，我希望你能明白，在这个世界上，最重要的不是取得地位，而是学会尊重每一个人……"说完，老人扬长而去。

刚刚发生的这一切，让那个高傲的女人惊呆了。她怔怔地站在原地，不知所措。她发现这个男子很面熟，好像就是负责这座花园人事调动的主管。

"请……请问，您怎么会对那个老园丁如此尊敬呢？"她磕磕巴巴地问道。

"老园丁？她就是汤普森伯爵夫人，这个庄园的女主人！"

听到这里，女人的眼珠都仿佛被定住了一般，一下子就瘫坐在长椅上。

有些人总觉得自己了不起，就像事例中这个高傲的女人那样，对那些穿着一般、工作普通的人不自觉地就流露出鄙夷的神色，甚至会故意刁难人家，以此来显示自己所谓的高贵。

其实，这种不懂得尊重他人的做法，不但不能显示他的高贵，反而还显示他的素质无比低劣。这样的人又怎么会受到别人的尊重和欢迎呢？

所以说，一个真正智慧的人是无论何时都会给他人留余地、留面子，懂得尊重他人的。古人云："敬人者，人恒敬之。"因此可以说，尊重别人也就是在尊重自己。

有一天，五台山上来了一个中年人。当他一踏入庙宇时，方丈立马把他从头到脚打量了一番：此人衣衫还算整洁，但仪态普通，可能是一位商人。

判断完后，方丈便不温不火地招呼道："坐。"紧接着又朝下吩咐了一句："茶。"随即，一个小和尚端来了一杯非常一般的茶。

寒暄了几句，才知道中年人来自京城，方丈连忙站起身来，满脸堆笑，把中年人领进了内室，重新招呼道："请坐。"又吩咐道："泡茶。"小和尚为中年人又单独泡了一杯茶。

经详细打探，方丈大喜：来人竟是大名鼎鼎的大才子——礼部尚书纪晓岚大人！方丈的态度立刻来了个一百八十度大转弯，他低眉顺眼地站起来，恭敬地请纪晓岚进了安静的禅房，然后，赔笑招呼道："请上座。"又大声叫喊："泡好茶！"

大才子来访，方丈觉得机不可失，便立马招呼笔墨纸砚，希望纪晓岚留下珍贵的墨宝，以添荣耀。纪晓岚笑了笑，提起笔，没有一丝多想，大笔一挥。只见，纸上是一副言简意赅的对联："坐，请坐，请上坐；茶，泡茶，泡好茶。"

方丈看毕，顿时满脸尴尬。

在生活中，很多人都充当着"方丈"的角色，自以为神机妙算，自以为世人很好糊弄，其实他们墙头草的作风早已暴露无遗。尊重他人，靠假模假样是没有用的。只有投入感情，用心尊重，他人才会感同身受，才会认为你也值得尊重，并慷慨地回赠给你尊重。

生活中，我们常常想要显得很"精明"，总时时要表现出自己高人一头，却不知在此过程中既无礼于别人，也让别人不尊重我们自己。

待人接物，多一半的"糊涂"，少一半看人下菜的"精明"，给每个人同样的尊重，才能得到尊重的回报。

所以，即使你真的很了不起，也不要以此作为高傲的资本，在别人面前摆出一副高傲的姿态，那样除了不受欢迎之外，不会收到其他任何良好的自己期待中的回馈。

高人一等的眼光不如落到实处的行动

近几年，我们常听到"人格分裂"一词，简单来说，就是想的一个样儿，做的一个样儿。现实中，这样的人并不少见。他们总是有远大抱负，想法也是推陈出新，说起来更是天花乱坠，可是他并没有通过行动表现出来。他们总是有着听起来很美的计划和打算，却迟迟没见他们有什么目标。总之，有太多事情，因为缺乏行动，而没有下文，很可惜，也很遗憾。

其实说白了，就是言行不一，只有高人一等的眼光，而没有脚踏实地的行动。一位著名的职业经理人这样说道："不管是多么正确的决策、多么严谨的计划、多么伟大的梦想、多么宏伟的蓝图，如果没有严格高效的执行力做支撑的话，最终的结果都会和我们的预期相差甚远，甚至南辕北辙。"

人生的境界，由两部分决定，一半是靠眼界，一半是靠行动。眼界的高远固然重要，可是若没有另一半行动的付出，便也只是白日做梦。

所以说，那些有着非凡眼光的人们，不要只停留在想和说的层面上，而应该把想法付诸实践，通过实际行动来获得真正的硕果。不然，就算你能把黑的说成白的，就算你有非同寻常的宏韬大略，也只能是纸上谈兵罢了。

在我国古代四川的一个偏远山区，有一座人气不旺的寺庙。这座寺庙里住着两个和尚，其中一个很贫穷，穿的衣服破破烂烂，吃得东西也很简单，身体瘦弱得很。另一个和尚则比较富有，他穿的都是丝绸袈裟，吃的也是上等的素食，身体自然也强壮不少。

那时候，很多出家人都认为南海（今浙江普陀）是个佛教圣地，外地的和尚们都把能去一次南海作为自己的人生理想。

有一天，穷和尚对富和尚说："我打算去一趟南海，你觉得怎么样？"富和尚不敢相信自己的耳朵，认真地打量了一通穷和尚，突然大笑起来。

穷和尚被他笑得莫名其妙，便问道："你笑什么，怎么了？"

富和尚止住笑声，问穷和尚："阿弥陀佛，我没听错吧！你要到南海去？你想没想过，你靠什么去南海？"

听富和尚这么问，穷和尚很镇定地说："我只要带一个水壶、一个饭钵就可以了呀！"

"哈哈……"富和尚不由得流露出嘲笑的口吻，"我们这里距离南海有几千里路，路途中更是有很多的艰险，你以为是闹着玩的吗？别太天真了！不瞒你说，我也早有去南海的打算了，而且我从几年前就开始筹备，等我筹备好足够的粮食、药物，然后我再购买一艘大船，带上几个水手和保镖，就能去南海了。你居然只带一个水壶、一个饭钵就想去南海，简直是痴心妄想嘛！依我看还是算了吧。"

虽然富和尚百般阻挠，但穷和尚却坚持自己的想法。他觉得没必要再跟富和尚较真下去，既然有这想法，干脆就尽早行动。就这样，第二天一早，穷和尚就带着一个水壶、一个饭钵出发了。

转眼，一年的时间过去了，穷和尚终于到达了南海——这一片他梦想中的圣地。两年之后，穷和尚从南海返回了寺庙，伴随他的，依然是一个水壶、一个饭钵。由于在此次去南海的过程中学到了很多知识，穷和尚回到寺庙之后很快成了一个众人拥戴、德高望重的和尚。而那个富和尚还在畅想着去南海该有怎样一番胜景呢！

两个和尚都希望去南海，但是富和尚却一直在"准备"之中，没有付诸行动，而穷和尚则想到便做到了。两个和尚具有同样的眼界，只是富和尚太过"精明"，把种种困难险阻想了个清清楚楚，而不愿涉险；穷和尚却半智半愚，适当地忽略了可能遇到的困难，才实现了梦想。

通过这个故事，我们不难认识到，要实现自己的梦想，最重要的是要具备以下两个条件：勇气和行动。勇气，是指放弃和投入的勇气。一个人要为某个梦想而奋斗，就一定要放弃目前自己坚守的某些东西。行动是指一旦确定了值得自己去追求的梦想，就一定要全身心付诸行动。要知道，心想不会事成，只有心想到，并且做到，才有事成的可能。所以，让自己适当地少一些想象，而多一些行动吧！多数成功者都不只有梦想，更有行动，并且会孜孜以求，一直坚持。只有这样，才会实现理想，迈向成功的巅峰。

在一座丛林里，几只猴子在议论纷纷。其中一只猴子慷慨激昂地说道："凭着我这强健的体魄，用不了3天，我一定能跨过这座山，到山的那一边吃到美味的桃子。"

旁边的猴子们很不服气，不屑地说道："别做梦了，别说3天，就是一星期你也未必能跨过这座山去！"那只猴子一听这话，便和其他猴子们争论起来。就这样，争论了3天的时间，最后这只猴子泄气了。

此时，另一只猴子得意扬扬地说："对于翻越这座高山，我已经有了周密的计划，我肯定能翻过去，到时候山那边美味的桃子就都归我所有啦！"众猴子同样不买它的账，纷纷说道："这恐怕太困难了，一路上会有很多凶险的，有山崖，还有饿狼出没，你这么弱小，很容易没命的。"起初，这只猴子和第一只猴子很像，也是不服气，和大家争论不休。后来，这只猴子看看直入云霄的山峰，想想路上可能遇到的饿狼，也胆怯了，于是，它也选择了放弃。

就在这时，大家猛然发现有一只不起眼的小猴子正一步一步地爬向山峰。猴子们怕这个小弟弟出危险，就冲它大叫，让它不要冒险，赶紧下来。小猴子却不听那一套，它大声说道："我只是想站得高点，看看山坡上的青草。"于是，众猴子放心地散开了。

过了十来天，猴子们都没有去留意那只翻越山峰的小猴子。直到有一天，它们看到小猴子从山峰下一步步走下来，怀里抱着一些又大又红的桃子。

虽然所有的猴子都想吃到美味的桃子，虽然它们中间也不乏周密计划者，但是却因为没有付诸实际行动而让计划只是计划，永远变不成现实。这只小猴子虽然没有高人一等的眼光，但是它知道付诸行动，也只有付诸行动，才会翻越山峰，吃到美味的桃子。

其实，很多时候，我们都沉浸在精明的计划之中，却少了一点愚公移山的实干精神。因为少了一半的愚，梦想就成了空想。

古人云，行胜于言。说得再好，想得再好，也不如切实可行的行动来得实际。唯有行为和结果才能为我们的付出做出证明，为我们所说的话画上一个完整的句号。这个世界上没有空中楼阁，成功靠的就是目标、行动和坚持3种力量的结合，只有这样，才能得偿所愿，才能成就人生！